W0048195

HANSJÖRG HAAS

Ziergehölze
schneiden

Schnitt für Schnitt zum Gartenparadies

HANSJÖRG HAAS

Ziergehölze
schneiden

Über 80 Farbfotos von Hansjörg Haas und anderen bekannten Gartenfoto-
grafen sowie 120 Illustrationen von Heidi Janiček

Aufeinander folgende
Arbeitsschritte beim Schnitt
sind farblich kenntlich
gemacht:

— **1. Schritt**
— **2. Schritt**
— **3. Schritt**

1

Planung

Botanische Grundlagen

Ziergehölze sind die langlebigsten Elemente eines Gartens. Sie faszinieren mit Blüten, Früchten, bunten Blättern und farbiger Rinde und bilden zusätzlich den grünen Rahmen für Sommerblumen und Stauden. Richtig gepflegt und geschnitten, entfalten sie viele Jahre lang ihre ganze Pracht.

Ziergehölze sind eine äußerst vielfältige Pflanzengruppe. Zu ihnen zählen nicht nur die mehrtriebigen Sträucher und Laubbäume mit Stamm und Krone, sondern auch Nadelgehölze. Sie alle bereichern den Garten mit ganz unterschiedlichen Elementen: Sträucher wie Flieder, Ranunkelstrauch, Hortensien oder Spieräen bestechen durch ihre Blütenpracht. Hartriegel bringt im Frühjahr mit rot oder gelb gefärbten Trieben Farbe in den noch etwas kahlen Garten, der Perückenstrauch setzt mit seinem dunkelroten Laub aparte

Farbakzente. Wieder andere wie Zierapfel oder Pfaffenhütchen schmücken den Garten im Herbst mit Früchten.

Das Ziel des Schnitts

Weil Ziergehölze so vielfältig sind, werden sie auch sehr verschieden geschnitten. Einige brauchen Jahr für Jahr einen Schnitt, bei anderen sollten Sie nur alle paar Jahre zu Schere oder Säge greifen. Manche vertragen einen kräftigen Schnitt, bei anderen genügt es, nur wenig zu schneiden.
Das Ziel des Schnitts ist es in jedem Fall, ein Ziergehölz in eine gewünschte Richung zu lenken: Der richtige Schnitt führt beim Flieder zu üppiger Blütenpracht, bei Zieräpfeln zu attraktivem Fruchtschmuck. Gut geschnitten entwickelt ein

Japanischer Fächerahorn eine harmonische Gestalt und eine Hainbuchenhecke wird zum Sichtschutz. Ein kaum geschnittener Buchs entwickelt seine natürliche Form und fügt sich zurückhaltend in den Garten ein. Streng geschnitten kann derselbe Buchs eine Hecke, Kugel oder Pyramide bilden.

Die Bildung der Blütenknospen

Ziergehölze wachsen sehr unterschiedlich: Manche bilden ihre Blütenknospen erst im Frühjahr vor der Blüte, andere gleich im Sommer nach der Blüte. Bei manchen stehen die Knospen an jungen Trieben, bei anderen an älteren Zweigen. Beide Informationen sind entscheidend dafür, wann und wie ein Gehölz geschnitten wird.

Zieräpfel (rechts) sind attraktive Blütengehölze. Der Perückenstrauch (links) wirkt vor allem durch seine roten Blätter.

Ziergehölze: Multitalente für den Garten

Ziergehölze übernehmen im Garten unterschiedlichste Aufgaben: Sie setzen mit Farben Akzente, bilden Blickpunkte oder ziehen Grenzen. Diese Funktionen werden durch einen gekonnten Schnitt verstärkt.

Ein Garten gleicht einer Komposition, deren Stilrichtung Sie mit der Auswahl und der Kombination der Ziergehölze festlegen. Dabei übernehmen Bäume, kleine und große Sträucher, Rosen und Kletterpflanzen wie die Mitglieder eines Orchesters die verschiedensten Funktionen: Bäume und große Sträucher verbinden das Haus mit dem Garten. Sie wirken als einzigartige Solisten und setzen markante Blickpunkte. Kleine Sträucher bilden einen dezenten Hintergrund. Hecken ziehen klare Grenzen. Kletterpflanzen erobern die dritte Dimension und gliedern Gartenräume, ohne sie zu trennen.

Die Stärken der Ziergehölze

Vor dem Schneiden sollten Sie sich darüber klar werden, welche Funktion ein Ziergehölz in Ihrem Garten hat: Soll es reich blühen, bunte Triebe bilden oder zu einer dichten Hecke wachsen?

■ Viele Ziergehölze wie etwa Forsythie, Spiräe oder Rispensommerflieder werden in erster Linie wegen ihrer dekorativen Blüten gepflanzt. Sie behalten immer eine lockere Form und fügen sich perfekt in den Hintergrund einer Staudenrabatte ein oder bilden mit anderen Sträuchern eine Blütengehölzhecke. Bei solchen Sträuchern soll der Schnitt dafür sorgen, dass sie Jahr um Jahr reichlich Blüten bilden.

■ Manche Sträucher tragen vor allem an jungen Trieben buntes Laub oder entwickeln Triebe mit farbiger Rinde. Der Schnitt fördert den farbenprächtigen Neuzuwachs.

■ Andere Sträucher wie Felsenbirne oder Zaubernuss entwickeln sich im Laufe der Zeit zu ausladenden mehrtriebigen Sträuchern mit stabilen, dauerhaften Trieben. Sie kommen auch als einzeln wachsendes Gehölz gut zur Geltung. Der Schnitt betont hier den charakteristischen Wuchs.

■ Bäume wie die Zierkirsche oder Blumenesche brauchen Jahre, um einen Stamm und eine markante Krone zu bilden. Durch ihren typischen Wuchs wirken sie im Garten als Blickfang. Bei ihnen fördert der Schnitt ein stabiles, langlebiges Gerüst.

■ Rosen sind in Größe, Form und Wuchs sehr vielfältig. Manche blühen bereitwillig den ganzen Sommer über, andere blühen einmal und erfreuen im Herbst zusätzlich mit Hagebutten. Der Schnitt fördert je nach Wunsch Blüte oder Fruchtschmuck.

■ Klettergehölze, ob Clematis oder Wilder Wein, zieren Pergolen oder Hauswände. Mit Kletterpflanzen an Zäunen und Gittern, wie Geißblatt oder Efeu, gliedern Sie Ihren Garten in unterschiedliche Räume oder gestalten einen Sichtschutz. Der Schnitt lenkt Kletterer in die gewünschte Richtung oder erhält ihre Blütenfülle.

■ Während bei frei wachsenden Hecken aus Blütensträuchern

Die Früchte von Apfeldorn und anderen Weißdorn-Verwandten leuchtet den ganzen Herbst über.

Pagoden-Hartriegel bildet, wenn man zurückhaltend schneidet, beeindruckende und markante Solitäre.

der Schnitt für üppige Blüte sorgt, bringt er formale Hecken aus Hainbuche oder Eibe in Form. So werden sie zum Sichtschutz und architektonischen Kontrast zu frei wachsenden Gehölzen. Oder sie bilden einen beruhigenden Hintergrund für eine üppige Staudenrabatte.

Der Schnitt fördert die Stärken

Ziergehölze wachsen mit unterschiedlichem Tempo und altern verschieden schnell. Manche blühen, solange sie jung sind, andere auch noch nach vielen Jahren. Mit einem gezielten Schnitt kann man Ziergehölze in der Altersstufe halten, in der sie die gewünschten Eigenschaften besonders gut entfalten.

■ Ziergehölze wie Spiräen oder Weigelien, die man vor allem ihrer Blüte wegen pflanzt, blühen nur in den ersten zwei bis drei Jahren überreich, dann je-

doch kaum noch. Zwar wachsen immer wieder starke und lange Jungtriebe nach, doch der größte Teil der Triebe ist zu alt. Diese Triebe bilden kaum noch Blüten, der Strauch vergreist. Durch einen jährlichen Schnitt entfernen Sie vergreiste Triebe, halten die Sträucher jung und fördern dadurch ihre Blühwilligkeit.

■ Rosen verhalten sich ähnlich. Gerade öfter blühende Sorten brauchen junge, vitale Triebe, um den ganzen Sommer lang üppig zu blühen. Ein intensiver Schnitt fördert die Bildung solcher vitalen Triebe.

■ Bei Ziersträuchern wie dem Rotblättrigen Perückenstrauch oder Gelbholzigen Hartriegel sorgt ein spezieller Schnitt dafür, dass vor allem junge Triebe mit buntem Laub und farbiger Rinde nachwachsen.

■ Gehölze wie Fächerahorn oder Zaubernuss dagegen blühen viele Jahre und altern nur langsam. Oft tritt bei solchen Ziergehölzen die Blüte als

Wert sogar in den Hintergrund. Die Form des Gehölzes dominiert und prägt ganzjährig den Garten. Bei diesen Pflanzen ist kein regelmäßiger Schnitt nötig. Er beschränkt sich darauf, den typischen Wuchs zu fördern oder kranke Triebe zu entfernen.

Die natürliche Gestalt fördern

Der beste Schnitt ist oft der, den man auf den ersten Blick kaum sieht, weil er die natürliche Gestalt der Pflanze betont. Deshalb sollten Sie, auch wenn Sie bei Ihren Blütensträuchern nach optimaler Blütenfülle streben, die Gesamtästhetik der Pflanze nicht aus den Augen verlieren. Achten Sie darauf, dass die Pflanze auch nach dem Schnitt eine natürliche Form behält. Dies erreichen Sie, wenn einige kleinere, überhängende Triebe im Strauch verbleiben, obwohl sie nicht sonderlich zur nachfolgenden Blüte beitragen. Solche Triebe nennt man »Alibitriebe«. Sie geben Ihrem Strauch in blütenloser Zeit eine harmonische Form.

Klare Formen

Manchmal ist die natürliche Form einer Pflanze aber gerade nicht erwünscht. Formale Hecken und Formgehölze zum Beispiel sind stark geformte Kunstgebilde. Nur wenn Sie die Schere regelmäßig einsetzen, werden diese Pflanzen nicht zu groß, sondern halten den zugewiesenen Raum ein und bewahren eine klare Form.

So steuert der Saftdruck das Wachstum

Im Frühjahr beginnen Ziergehölze zu wachsen und treiben aus. Dieses Wachstum können Sie mit einem gezielten Schnitt anregen. Je kräftiger Sie schneiden, umso stärker ist der Neuaustrieb.

Die ober- und unteriridischen Teile eines Ziergehölzes erfüllen verschiedene Funktionen. Den sichtbaren Teil bezeichnet man als Krone. Ihr Gegenstück ist die Wurzel im Boden. Sie nimmt Wasser und Nährstoffe auf und leitet sie an die oberirdischen Pflanzenteile weiter. Außerdem speichert die Wurzel Stärke und Zucker, die im Sommer in den Blättern gebildet werden. Im Frühjahr vor dem Austrieb drücken die Wurzeln einen zucker- und nährstoffhaltigen Saft in die Triebe. Daraufhin beginnt das Gehölz wieder zu wachsen. Schneiden Sie zu dieser Zeit, tropft aus den Schnittstellen Saft. Sind die ersten Blätter entwickelt, lässt der Wurzeldruck nach und versiegt schließlich.

Zugleich verdunsten die Blätter mehr Wasser und verursachen eine Sogwirkung. So werden Wasser und Nährstoffe nach oben in die Pflanze transportiert. Entfernen Sie beim Schnitt im Sommer Triebe mit Blättern, entfällt an dieser Stelle der Sog, die Wunden bleiben trocken.

Das Wachstum im Jahreslauf

Das Wachstum im Frühjahr beginnt mit dem Knospenaustrieb. Aus manchen Knospen entwickeln sich Triebe mit Blättern, aus anderen Blüten. Frühjahrsblüher haben ihre Blütenknospen schon im Jahr zuvor gebildet, Sommerblüher haben im Vorjahr nur Triebknospen angelegt. Ihre Blütenanlagen entwickeln sich erst im Sommer. Die Triebknospen wachsen zu Trieben, an denen Blätter und neue Knospen entstehen. Etliche Gehölze wie Rosen oder Hibiskus wachsen bis in den Herbst. Die meisten stellen aber ihr Wachstum schon ab Juli ein und kräftigen die angelegten Knospen für das nächste Jahr. Vorjährige und ältere Triebe (→ Seite 14/15) wachsen nicht mehr in die Länge. Sie werden nur noch dicker. Für dieses Dickenwachstum ist das Kambium, ein dünner Gewebering, verantwortlich, der nach innen Holz- und nach außen Bastzel-

Je stärker ein einjähriger Trieb gekürzt wird, umso kräftiger treibt er neu aus.

Die Triebspitze fördern

In aufrecht wachsenden Trieben ist der Saftdruck an der Spitze am größten. Dementsprechend treibt die Spitzenknospe am stärksten aus. Je weiter eine Knospe von der Spitze entfernt liegt, umso schwächer ist der Neutrieb.

Die Oberseite fördern

In schräg wachsenden Trieben verteilt sich der Saftdruck gleichmäßig auf die gesamte Trieblänge. Dabei sind die oben auf dem Trieb sitzenden Knospen im Vorteil und treiben stärker aus als die unten liegenden.

Den Scheitelpunkt fördern

Hängen Triebe nach unten über, ist der Saftdruck am Scheitelpunkt am stärksten. Die dort entstehenden Triebe wachsen am kräftigsten. An der Triebbasis und -spitze wachsende Triebe bleiben deutlich schwächer.

len bildet. Aus dem Bast entsteht später die Rinde. In den beiden Schichten fließen Wasser, Nähr- und Reservestoffe. Das teilungsaktive Kambium ist auch für die Wundheilung verantwortlich (→ Seite 30/31).

Der Saftdruck im Gehölz

Die Wurzelsäfte steigen in der Pflanze immer nach oben. Auf diese Weise werden die obersten und jüngsten Triebe und Knospen bevorzugt mit Nährstoffen und Wasser versorgt. Zugleich bekommt dieser Teil der Pflanze das meiste Licht. Die Blätter können deshalb ein Maximum an Reservestoffen produzieren. Schattenbereiche im Gehölz werden dagegen geringer mit Licht und Nährstoffen versorgt und tragen nur wenig zum Energiegewinn bei.

Der Saftdruck im Trieb

Auch im einzelnen Trieb ist der Saftdruck in den oberen Teilen am größten.

- An steil wachsenden Trieben treiben die obersten Knospen am stärksten aus, nach unten werden die Austriebe schwächer und kürzer (→ Abb. 1).
- Wächst ein Trieb dagegen schräg, ist der Austrieb an der Spitze weniger stark. Dafür entsteht zusätzlich ein Saftdruck auf der Trieboberseite. Dortige Knospen treiben stärker aus als die Knospen auf der Triebunterseite (→ Abb. 2).
- Triebenden hängen mit zunehmendem Alter über. Am Scheitelpunkt treiben die Knospen am stärksten aus. Sich dort bildende Neutriebe können den überhängenden Trieb später ersetzen (→ Abb. 3).

Die Stärke des Schnitts

Mit einem kräftigen oder schwachen Rückschnitt an einem Trieb bestimmen Sie, ob er stark oder schwach austreibt. Denn mit dem Schnitt verändern Sie den Saftdruck an der Schnittstelle.

Ohne Schnitt verjüngt sich ein Trieb gleichmäßig bis zur Spitze. Kürzen Sie einen Trieb ein, staut sich der Saft an der Schnittstelle auf. Der Durchmesser und der Saftdruck werden an dieser Stelle größer als beim ungeschnittenen Trieb. Gleichzeitig sind weniger Knospen übrig, die den Saftstrom aufnehmen. Beides fördert einen stärkeren Austrieb. Je stärker der Schnitt ist, umso stärker ist diese Wirkung: Es kommt zu einem starken Austrieb mit wenigen, kräftigen Trieben.

Triebformen und Blütenknospen

Wie man Gehölze schneidet, hängt davon ab, wann und an welchen Zweigen sie die Blütenknospen entwickeln: Einige bilden sie an jungen Trieben, etliche am alten Holz, manche an kurzen, andere an langen Trieben.

Triebe, die Blüten tragen, sind für Ziergehölze besonders wertvoll. Der Schnitt soll die Bildung solcher Triebe fördern.

Wie alt ist ein Trieb?

Um richtig zu schneiden, ist es wichtig, das Alter eines Triebs zu bestimmen:
■ Solange ein neuer Trieb den ersten Sommer wächst, spricht

Einjährige Triebe bilden im 2. Jahr Verzweigungen, die kürzer sind als der einjährige Langtrieb (1).

man von einem **diesjährigen** Trieb. Er ist noch unverzweigt.
■ Ist im Herbst das Wachstum beendet, gilt der Trieb bereits als **einjährig** (→ Abb. links, 1) Er ist zwar noch kein ganzes Jahr alt, aber doch schon eine Wachstumsperiode alt. Sie erkennen einen solchen Trieb daran, dass er noch unverzweigt ist und meist im äußeren Bereich des Gehölzes wächst. Die jungen Knospen entlang des Triebs sind vollständig entwickelt und gut sichtbar. Sie treiben im nächsten Frühjahr aus.
■ Am Ende des zweiten Sommers ist der Trieb **zweijährig** (→ Abb. links, 2) und besitzt einjährige Seitentriebe. Diese Verzweigungen setzen sich in den folgenden Jahren fort, der Haupttrieb altert.
■ Sagt man, ein Gehölz blüht am **alten Holz** (→ Abb. links, 3) meint man damit Triebe, die älter als drei Jahre sind.

Blütentriebe erkennen

Wenn Sie das Alter der Triebe erkennen können, wissen Sie, ob Ihr Gehölz an diesjährigen,

ein- oder zweijährigen Trieben oder am alten Holz blüht. Während Sommerblüher ihre Blüten an diesjährigen Trieben tragen, finden sich die Blüten bei den meisten Ziergehölzen an ein- und zweijährigen Trieben. Diese Unterschiede sind ausschlaggebend dafür, wann und wie stark man schneidet.

Kurz- und Langtriebe

Bei Gehölzen werden Triebe über 10 cm Länge als **Langtriebe**, solche unter 10 cm als **Kurztriebe** bezeichnet. Spiräe, Ranunkelstrauch und Mandelbäumchen bilden ihre Blüten vorwiegend an Langtrieben, Zierapfel und Felsenbirne an Kurztrieben. Forsythie und Bauernhortensie tragen an beiden Triebformen Blüten.

Blüten im Frühjahr

Die meisten Ziergehölze blühen im Frühjahr, bevor das Triebwachstum einsetzt. Sie bilden ihre Blütenknospen bereits im Sommer zuvor und werden nach der Blüte geschnitten.

Blüten an jungem Holz

■ Einige Frühjahrsblüher bilden ihre Blüten überwiegend an einjährigen Trieben. Dazu gehören zum Beispiel Spiräen, Mandelbäumchen oder Ranunkelstrauch. Sie erkennen diese Frühjahrsblüher daran, dass sie nur entlang der äußersten, unverzweigten Triebe blühen. Ohne Schnitt bleiben diese Jungtriebe kurz und das Ziergehölz blüht nur wenig. Je länger die einjährigen Triebe

Sommerflieder (links) blüht an diesjährigen Trieben. Die Zaubernuss (rechts) legt ihre Blütenknospen im Vorjahr an.

und bilden ihre Blüten erst im Hochsommer an den Triebspitzen und deren Seitentrieben.

■ Hibiskus dagegen bildet seine Blüten vom Beginn der Wachstumsphase im Frühjahr an in den Blattachseln der Triebe.

■ Andere Sommerblüher wie Lavendel lassen sich sogar bis fast zum Boden zurückschneiden. Sie müssen dies jedoch von Jugend an regelmäßig tun. Werden ältere Triebe so stark zurückgeschnitten, trocknen sie ein (→ Seite 42). Neben Lavendel gehören zu dieser Gruppe Gewürzsalbei, Säckel- und Bartblume.

Das Holz etlicher Sommerblüher ist nur eingeschränkt frosthart. Je älter ein Trieb wird, umso leichter friert er zurück. Entfernen Sie deshalb regelmäßig ältere Triebe. So regen Sie die Verjüngung des Strauches an. Schneiden Sie aber erst im späten Frühjahr kurz vor dem Austrieb. Dann beginnen die Triebe anschließend gleich zu wachsen, und es besteht nicht die Gefahr, dass zurückgeschnittene Triebe eintrocknen.

werden, umso stärker ist die Blütenfülle. Sie erreichen dies durch einen starken und regelmäßigen Schnitt.

■ Bei anderen Frühjahrsblühern sind zweijährige Triebe, die bereits einjährige Seitentriebe haben, das ergiebigste Blütenholz. Dazu gehören Forsythie, Blutjohannisbeere und Scheinquitte. Diese Ziergehölze altern langsamer als Spiräe und Co. Für eine reichhaltige Blüte brauchen sie dennoch einen regelmäßigen Schnitt.

Blüten an älterem Holz

■ Frühjahrsblüher wie Goldregen oder Zierapfel blühen an zweijährigen und älteren Trieben. Sie bilden ein stabiles Gerüst. Ihr Blütenholz ist langlebig und vergreist erst nach Jahren.

■ Bei Zierkirsche oder Zaubernuss treiben sogar aus altem Holz kurze Triebe mit Blütenknospen. Diese Ziergehölze brauchen kaum einen Schnitt, und wenn, dann am besten nach der Blüte.

Blüten im Sommer

Sommerflieder, Hibiskus oder Heiligenkraut bereichern den Garten bis in den Herbst hinein mit ihrer Blütenpracht. Sie blühen an diesjährigen Trieben. Sommerblüher bilden umso mehr Blüten, je stärker man sie schneidet. Anders als Frühjahrsblüher brauchen sie in jedem Frühjahr vor der Blüte einen kräftigen Schnitt, der das neue Wachstum anregt.

■ Manche Gehölze wie Sommerflieder treiben zuerst aus

Praxisinfo

VEREDELTE GEHÖLZE

Viele Ziergehölze wie Flieder oder Mandelbäumchen sind auf robuste Wurzelstöcke veredelt. Diese Unterlage sorgt für gutes Wachstum und Standfestigkeit der Edelsorte.

■ Schneiden Sie bei veredelten Pflanzen immer oberhalb der Veredelungsstelle. Nur so bleibt die Edelsorte erhalten.

■ Schießen an veredelten Gehölzen Triebe aus dem Boden, stammen sie von der Unterlage. Reißen Sie solche Wildtriebe schon im ersten Jahr direkt an der Wurzel ab. Legen Sie dazu evtl. den Wurzelbereich mit einem Spaten frei.

Vom Strauch zum Baum

Neben der Blütenbildung ist für die Stärke des Schnitts auch die Wuchsform der Gehölze wichtig. Manche Sträucher bilden Schösslinge, andere entwickeln ein Gerüst. Bäume bilden Stamm und Krone.

Während bei Bäumen der Mitteltrieb mit Stamm über Jahre das Wachstum dominiert, liegt bei Sträuchern der Wuchsschwerpunkt nahe am Boden. Sie treiben immer wieder neue Triebe aus dem Wurzelstock nach, die dafür schneller altern und absterben.

Schösslingssträucher

Zu ihnen zählen Ranunkelstrauch (→ Abb. 1), Bauernhortensie und Scheinquitte. Sie bilden jedes Jahr aus dem Boden neue Triebe (d. h. Schösslinge), bauen jedoch kaum ein Gerüst auf. Die langen neuen Triebe sind unverzweigt. Sie tragen teilweise Blüten. Die ergiebigsten Blüten befinden sich an den einjährigen Seitentrieben der zweijährigen Langtriebe. Der einzelne Trieb ist kurzlebig und vergreist sehr schnell. Ohne Schnitt bilden diese Sträucher schnell ein Gewirr aus lebenden und toten Ruten. Schneiden Sie regelmäßig und entfernen Sie dabei konsequent bodennah alle Schösslinge, die älter als zwei Jahre sind.

Spiräen und Co.

Diese Gruppe umfasst Spiräen (→ Abb. 2), Deutzien und Forsythie. Sie entwickeln ebenfalls beständig Neutriebe aus dem Boden, bilden bereits ein schwaches Gerüst aus und blühen vorwiegend an einjährigen Langtrieben. Der einzelne Trieb wird einige Jahre alt. Der Haupttrieb verdickt sich im Laufe der Zeit. Im oberen Bereich des Strauches entstehen besenartige Verzweigungen, die kaum blühen und überhängen. An den Scheitelpunkten bilden sich kräftige Jungtriebe. Ersetzen Sie ältere Triebe durch einen regelmäßigen Schnitt am Boden durch Jungtriebe. Überhängende Verzweigungen entfernt man bis auf einen Jungtrieb.

Felsenbirne und Co.

Felsenbirne (→ Abb. 3) oder Schneeball bauen ein stabiles Gerüst auf. Meist wachsen vier bis sechs kräftige Triebe aus dem Boden. Sie sind in ihrer Blütenbildung langlebiger. Es entwickeln sich weniger bodenbürtige Neutriebe als bei Spiräen. Der Wuchsschwerpunkt liegt weiter oben als bei der vorherigen Gruppe. Die einzelnen Triebe verzweigen sich im Laufe der Jahre an den Enden, sodass besenartige Köpfe entstehen. Die unteren Strauchteile liegen dann im Schatten und verkahlen. Schneiden Sie solche Sträucher alle drei bis vier Jahre. Lichten Sie die Köpfe aus, damit wieder Licht in das Strauchinnere gelangt. Gleichzeitig geben die schlanken Triebenden dem Strauch ein natürliches Aussehen.

Schösslingssträucher 1
Diese Sträucher bilden ständig viele neue Bodentriebe. Der einzelne Trieb ist kurzlebig und vergreist meist sehr schnell. Ein mehrjähriges Gerüst entwickeln Gehölze dieser Gruppe nicht.

Zaubernuss und Co.

Zu dieser Gruppe gehören auch Zierapfel, Flieder und Kornelkirsche. Ihr Gerüst aus mehreren starken Trieben ist sehr langlebig. Der Wuchsschwerpunkt der Pflanze liegt noch weiter oben im Gehölz als bei der Felsenbirne. Die Gerüsttriebe verzweigen sich gleichmäßig. Ältere Pflanzen treiben kaum noch Jungtriebe aus dem Boden. Solche Gehölze entwickeln ihre volle Schönheit erst nach Jahren. Wie die Triebe ist auch das Blütenholz sehr lang-

lebig. Ein regelmäßiger Schnitt ist nicht nötig. Er würde den Charakter mehr zerstören als fördern. Lichten Sie nur maßvoll aus, wenn der Strauch zu dicht wird, sich Triebe kreuzen oder nach innen wachsen.

Bäume

Bäume (→ Abb. 4), ob Linde, Ahorn oder Eberesche, streben mit einem Mitteltrieb erst einmal nach oben, bevor sie sich verzweigen. Ihr Wuchsschwerpunkt liegt von allen Gehölzen

am weitesten oben. Sie bilden ein stabiles Gerüst aus Stamm, Mitteltrieb und einigen Seitentrieben. Höhe des Stammes und Grundstruktur der Krone werden schon in der Baumschule festgelegt. Der so genannte Erziehungsschnitt in der Jugend (→ Seite 38/39) fördert den gleichmäßigen Aufbau. Dieser Schnitt ist bei Bäumen sehr wichtig, denn ihr Gerüst muss jahrzehntelang die Krone tragen. Später ist ein Schnitt kaum nötig, es sei denn, Äste wachsen nach innen oder kreuzen sich.

Spiräen und Co.
Die Gehölze bilden regelmäßig neue Bodentriebe und bilden ein schwaches Gerüst. Nach drei bis fünf Jahren entstehen im oberen Triebbereich dichte Verzweigungen, schließlich vergreist der gesamte Trieb.

Felsenbirne und Co.
Sie bauen ein stabiles Gerüst aus mehreren Bodentrieben auf. Der einzelne Trieb bleibt bis zu acht Jahre vital, verzweigt sich aber im oberen Bereich stark. Es entstehen wenige Jungtriebe aus der Gehölzbasis.

Bäume
Sie bilden in der Regel einen Stamm mit einem über Jahrzehnte vitalen Gerüst. Ausgewachsene Bäume bilden keine Bodentriebe mehr aus. Der Stamm und die Krone bleiben lebenslang erhalten.

Schnitttechnik und Werkzeug

Der richtige Zeitpunkt für den Schnitt, eine gekonnte Schnitttechnik und die geeignete Schnittform garantieren neben dem Wissen über botanische Grundlagen einen erfolgreichen Ziergehölzschnitt. Eine Grundausstattung an Werkzeug von hoher Qualität macht das Schneiden zum Vergnügen.

Planen Sie genug Zeit für den Ziergehölzschnitt in Ihrem Garten ein und notieren Sie sich am besten, wann welche Ziergehölze zu schneiden sind.

Jährlich schneiden

Grundsätzlich ist es vorteilhaft, Ziergehölze jedes Jahr zu kontrollieren und bei Bedarf zu schneiden. Sie müssen dann nur wenig schneiden und lediglich kleinere Triebe entfernen. Ihre Sträucher oder Bäume bleiben übersichtlich und behalten eine natürliche Form. Gleichzeitig fördert die regel-

mäßige Pflege die Blütenbildung. Setzen Sie dagegen einige Jahre mit dem Schnitt aus, lässt die Blüte nach. Es bilden sich starke Triebe, die Sträucher werden sehr dicht. Der Schnitt muss nun viel massiver ausfallen. Die Pflanzen reagieren darauf mit zu starkem Wachstum. Die Reaktion auf den Schnitt hängt außerdem vom Schnittzeitpunkt ab. Ein Schnitt im späten Winter oder Frühjahr regt das Wachstum der Pflanzen an, während ein Sommerschnitt bremsend wirkt (→ Seite 20/21).

Richtig schneiden

Mit den korrekten Schnittformen steuern Sie die Stärke des Neuaustriebs (→ Seite 28/29): Das Einkürzen der einjährigen Triebe bewirkt einen starken

Neuaustrieb. Das Umlenken eines Triebs auf einen Seitentrieb verjüngt die Pflanze und führt zu einem schwächeren Neuaustrieb. Das Vereinzeln von Triebspitzen (Verschlanken) oder das Auslichten ganzer Triebe am Boden regt das Wachstum am geringsten an und verhindert, dass die Pflanze zu groß wird.

Gutes Werkzeug

Hochwertiges Werkzeug erleichtert Ihnen den Schnitt. Machen Sie sich unbedingt vor der Arbeit mit den Geräten vertraut. Üben Sie mit einer neuen Schere den Schnitt zuerst an einem weichen Trieb. So bekommen Sie ein Gefühl für den Umgang mit dem Gerät. Regelmäßige Pflege hält Scheren und Sägen in Schuss.

> *Der Schnitt bringt die Stärken von Buchs und Rosen richtig zur Geltung (rechts). Scharfes Werkzeug (links) erleichtert die Arbeit.*

Auf den Schnittzeitpunkt kommt es an

Einen gemeinsamen Schnittzeitpunkt für alle Ziergehölze gibt es nicht. Manche brauchen einen Frühjahrsschnitt, der ihr Wachstum anregt, andere einen
Sommerschnitt, der sie im Zaum hält.

Im Herbst und Winter – etwa von Oktober bis Mitte Januar – befinden sich die meisten Ziergehölze in einer Ruhephase. In dieser Zeit sollten Sie nur in Ausnahmefällen schneiden.

Kein Schnitt im Winter

Während der Ruheperiode geschnittene Gehölze sind Frost gegenüber empfindlicher, weil sie nicht wachsen und deshalb die Wunden nicht schließen können. Die Pflanzen sind dann gegenüber Krankheiten wehrlos. Geschnittene Triebe frostempfindlicher Pflanzen trocknen zudem ein. Im schlimmsten Fall stirbt die Pflanze ab. Ab Dezember sollten Sie nur robuste Gehölze schneiden. Zierapfel oder Hainbuche können Sie mit einem so frühen Schnitt zu kräftigem Wachstum im Frühjahr anregen.

Im Spätwinter und Frühjahr

Mit steigenden Temperaturen baut sich ab Ende Januar langsam der Saftdruck in den Gehölzen auf (→ Seite 12). Längere Frostperioden werden unwahrscheinlicher. Die Gefahr des Erfrierens oder Eintrocknens nach dem Schnitt wird so geringer. Je früher Sie in diesem Zeitraum schneiden, umso mehr regen Sie das Wachstum an. In kälteren Regionen warten Sie besser bis Mitte Februar oder Anfang März. Bei Temperaturen unter -5 °C sollten Sie generell nicht schneiden. Ab Spätwinter bis zum Frühjahr schneidet man öfter blühende Rosen, im Frühsommer und Sommer blühende Clematis, Sommerflieder, Hibiskus, Rispenhortensie sowie junge Laubbäume. Der Schnitt sollte vor dem Austrieb beendet sein.

Im späten Frühjahr

Frühjahrsblüher oder sehr empfindliche Gehölze schneidet man im April oder Mai.
■ Frühjahrsblühende Gehölze bilden ihre Blütenknospen bereits im Vorsommer aus (→ Seite 14/15). Wenn Sie diese Gruppe vor der Blüte schneiden, entfernen Sie einen Großteil der einjährigen Triebe und damit die meisten Blüten. Der Schnitt erfolgt hier nach der Blüte, also ab Anfang Mai. Je früher Sie nach der Blüte schneiden, umso mehr Zeit bleibt dem Gehölz für die Bildung neuer Triebe mit den gewünschten Blütenknospen für das nächste Jahr.
■ Lavendel, Salbei oder Rosmarin zählen zu den mediterranen Gehölzen. Schneiden Sie diese Südländer im Februar oder früher, können einzelne Triebe oder sogar die ganze Pflanze bei nasskaltem Wetter eingehen. Schneiden Sie sie deshalb – je nach Klimazone – erst zwischen Anfang April und Anfang Mai. Die Zeit zwischen Schnitt und Neuaustrieb sollte möglichst kurz sein, damit die verbleibenden Knospen schnell austreiben.

Halbsträucher schneidet man erst kurz vor dem Austrieb, wenn die Knospen deutlich zu sehen sind.

Ab Frühsommer

Im Frühsommer versiegt der Saftdruck in der Pflanze fast ganz (→ Seite 12). Schnitte, die Sie zwischen Juni und September durchführen, bluten deshalb nicht. Die Pflanze kann unverzüglich Wundgewebe bilden, um sich vor Krankheitserregern zu schützen. Vor allem Ahorn, Zierkirsche oder Blutpflaume, die empfindlich auf einen Frühjahrsschnitt reagieren, sollten Sie nur im Sommer schneiden. Steile oder nach innen wachsende Jungtriebe können Sie bei allen Ziergehölzen im Sommer entfernen.

Der Sommerschnitt

Mit einem Sommerschnitt entfernen Sie Blätter, die dann für die Energieproduktion der Pflanze nicht mehr zur Verfügung stehen. So werden weniger Reservestoffe in die Wurzel eingelagert. Der Austrieb im nächsten Frühjahr bleibt schwächer. So beruhigt der Sommerschnitt zu stark wachsende Ziergehölze im Wachstum.

Dies gilt auch für formale Hecken. Im Sommer geschnittene Hecken wachsen langsamer. Es reicht meist ein Schnitt pro Saison. Damit die Neutriebe genügend ausreifen können, beenden Sie den Schnitt bis Mitte, in warmen Regionen bis Ende Juli. Dagegen fördern Pflegeschnitte im Sommer bei einigen Pflanzen das Wachstum und die Blütenbildung. Schneiden Sie daher bei öfter blühenden Rosen und Sommerflieder Verblühtes heraus. So geht keine Kraft in Samen- oder Hagebuttenbildung, sondern in junges Triebwachstum und neue Blüten.

Nicht schneiden

■ Ab März brüten viele Vogelarten. Um deren Brut nicht zu stören, untersagen die Naturschutzgesetze Rodung und massiven Schnitt von Gehölzen zwischen März und Oktober. Pflegeschnitte sind aber erlaubt. Ihre Gemeinde gibt Auskunft, welche Regelung gilt.

■ Schneiden Sie Bäume nicht bei nassem Wetter: Leitern und Sie selbst rutschen auf nasser Rinde leicht ab.

■ Schneiden Sie nicht in nassen Beeten – Sie verdichten den Boden mit Ihrem Gewicht. Er muss anschließend aufwändig gelockert werden.

Der Sommerschnitt ist bei vielen Gehölzen die verträglichste Schnittform, bei Rosen regt er zu neuen Blüten an.

DIE RICHTIGE SCHERE ❯

1 Bei Ambossscheren stößt die Klinge auf einen Amboss. Sie sind nur für weiche Triebe geeignet, verholzte Triebe quetschen sie.

2 Bei Bypassscheren läuft die Klinge auf einer Seite am Amboss vorbei und quetscht den Trieb nicht.

3 Auch bei Astscheren gibt es Bypassscheren. Der Holm sollte stabil sein, eine Zahnung am Schnabel verhindert das Abrutschen.

4 Amboss-Astscheren schneiden auch dicke Triebe, doch sie können den verbleibenden Trieb quetschen.

Werkzeug für den Schnitt

❮ FÜR STARKE ÄSTE

Sägen kommen bei Trieben ab 4 cm Dicke zum Einsatz.

1 Schwertsägen erzeugen einen glatten Schnitt. Sägen Sie nur ziehend und schieben Sie die Säge ohne Druck zurück. Die meisten Schwertsägen lassen sich zusammenklappen und so bequem und sicher transportieren.

2 Bügelsägen sind nützlich, wenn Sie große Triebe oder viel zu sägen haben. Der Holm fixiert das Sägeblatt, und man kann auf Druck und Zug sägen. Die Schnittstellen sind rauer als bei Schwertsägen. Glätten Sie sie mit einem Messer.

GUT IN FORM MIT HECKENSCHEREN

1 Mit Handheckenscheren schneiden Sie kleinere Hecken und größere Formgehölze. Sie sollten gut in den Händen liegen und scharfe Klingen aufweisen. Die Klingen dürfen kein Spiel haben, damit sich die Schere beim Schneiden nicht verkantet.

2 Für kleinere Formgehölze oder Einfassungen sind leichte Buchsheckenscheren von Vorteil. Mit den kurzen Klingen können Sie Feinheiten besser herausarbeiten.

3 Längere Hecken schneiden Sie Kraft sparend mit elektrischen Heckenscheren. Die Schere muss eine Sicherung haben, damit sie sofort stoppt, sobald Sie eine Hand vom Griff nehmen.

Ob Buchskugel oder Fliederzweig: Je nach Triebdicke benötigen Sie anderes Werkzeug. Schere, Säge & Co. gehören deshalb zur Grundausstattung jedes Gärtners. Beste Qualität erleichtert die Arbeit.

MESSER, HIPPE & CO.

1 Mit einem scharfen Messer schneiden Sie ausgefranste Wundränder glatt.

2 Hippen sind Messer mit gekrümmter Klinge. Sie eignen sich am besten zum Ausschneiden von Wunden und Glätten von Wundrändern.

3 Zum Schärfen von Scheren- und Messerklingen verwenden Sie einen Schleifstein.

LEITER

Klappleitern mit einem verbreiterten Fuß stehen sicher und können nicht kippen oder rutschen. Mit einem ausziehbaren Teilstück können Sie auch in Höhen bis zu 4 m sicher arbeiten.

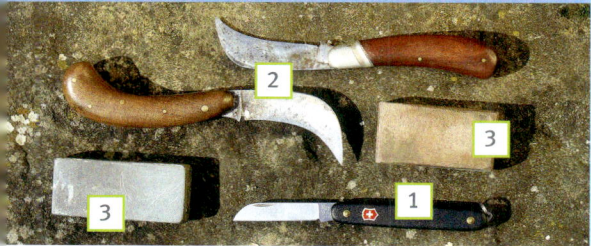

Eine gute Investition: hochwertiges Werkzeug

Damit der Schnitt gelingt, brauchen Sie für jeden Schnitt das geeignete Gerät. Entscheiden Sie sich beim Kauf für hohe Qualität, dann stehen Ihnen scharfe Werkzeuge zur Verfügung, die gut in der Hand liegen.

Haben Sie ein Werkzeug neu gekauft, üben Sie damit zuerst an den weichen Trieben von Holunder oder Weide, bevor Sie es an den härteren Trieben Ihrer Ziergehölze einsetzen. So bekommen Sie ein Gefühl für das Gerät und verringern die Gefahr, sich zu verletzen.

Handscheren

Handscheren mit kurzen Griffen eignen sich für Triebe bis 2 cm Dicke. Für Triebe bis 4 cm Dicke wählt man Astscheren mit langen Griffen.
- Bei Ambossscheren trifft die Klinge auf einen Amboss. Deshalb entstehen am Trieb Quet-schungen. Diese Scheren sind nur für weiche Triebe geeignet.
- Für Ziergehölze sind Bypass-scheren besser, weil die Klinge am Amboss vorbeiläuft und der Trieb nicht gequetscht wird. Klinge und Amboss dürfen kein Spiel haben, sonst verhakt sich die Schere im Trieb.
- Auch bei Astscheren schneiden Bypassscheren sauberer. Astscheren erleichtern das Auslichten von Trieben bodennah und über Kopfhöhe. Die langen Griffe müssen stabil, dürfen jedoch nicht zu schwer sein. Wählen Sie Modelle mit großer Klinge und schnabelförmigem, gezähntem Amboss. Bei solchen Scheren wird der Trieb durch leichtes Zudrücken fixiert, die Schere rutscht nicht ab.

Sägen

Für Triebe über 4 cm Dicke nehmen Sie eine Säge. Starke Triebe sind oft sehr schwer. Sägen Sie den Trieb deshalb in Etappen ab (→ Seite 31). So reißt die Schnittstelle nicht aus.
- Für wenige Äste reicht eine Schwertsäge. Sägen Sie mit ziehendem Schnitt und schieben Sie die Säge ohne Druck zurück. So werden die Wundränder tadellos glatt.
- Schneiden Sie mehr, wählen Sie eine Bügelsäge. Das Sägeblatt ist verstellbar, und man sägt auf Zug und Druck.
- Mit Sägen mit ausziehbaren Holmen können Sie vom Boden aus bis in 5 m Höhe arbeiten. Doch man kann mit ihnen kaum sorgfältig sägen.
- Motorsägen sind nur sinnvoll, wenn Sie jedes Jahr viele

Hochwertige Werkzeuge liegen gut in der Hand und erleichtern Ihnen die Arbeit.

Ziehen Sie die Klinge zum Schleifen über den benetzten Schleifstein. Schleifen Sie immer nur die abgeschrägte Seite der Klinge.

starke Triebe sägen müssen. Motorsägen brauchen eine Sicherheitskupplung, sodass die Säge stoppt, sobald Sie eine Hand vom Griff nehmen. Vor dem ersten Einsatz sollten Sie an einem Kurs teilnehmen (→ Seite 126, Adressen). Arbeiten Sie niemals ohne Sicherheitskleidung!

Heckenscheren

Welche Heckenschere Sie wählen, hängt von der Art und Anzahl Ihrer Formgehölze ab.
■ Für kleine Hecken reichen meistens Handheckenscheren mit einem langen Blatt. Für Formschnittgehölze gibt es Scheren mit kürzeren Griffen und Klingen.
■ Elektrische Heckenscheren lohnen sich nur bei großen formalen Hecken.

Messer

Messer helfen beim Ausschneiden von Wunden oder Rindenschäden. Gekrümmte Klingen

erleichtern Ihnen die Arbeit. Auch weiche Triebe oder Verblühtes bei Rosen schneiden Sie besser mit dem Messer als mit einer Schere ab.

Werkzeuge pflegen

Hochwertiges Werkzeug macht sich bezahlt:
■ Es lässt sich einfach auseinander nehmen und reinigen.
■ Außerdem sind Ersatzteile im Fachhandel erhältlich.
■ Bei guten Scheren lässt sich die Klinge mit einer Feststell-

schraube nachstellen, wenn sie sich lockert.

Regelmäßig schleifen

Lassen Sie die Klingen von Scheren im Fachgeschäft schleifen. Wer geschickt ist, kann dies auch selbst tun. Dazu benötigen Sie einen Schleifstein. Die ausgebaute Klinge besitzt auf der einen Seite eine schräge Kante, den Schliff. Legen Sie die Schlifffläche auf den mit Wasser benetzten Stein auf. Führen Sie die Klinge mit Druck kreisförmig über den Schleifstein. Die andere, glatte Seite der Klinge ziehen Sie nur einmal über den Schleifstein, um Metallsplitter abzustreifen. Ansonsten schleifen Sie diese Seite nie, damit kein Zwischenraum zum Amboss entsteht. Säubern Sie den Amboss bei Bedarf mit Stahlwolle. Bevor Sie die Klinge wieder einbauen, geben Sie einen Tropfen Öl auf die Nabe. Messer schärft man genauso. Meist ist bei ihnen nur eine Klingenseite schräg angeschliffen. Diese Seite setzen Sie auf den Schleifstein auf.

Praxisinfo

IMMER EIN SCHARFES WERKZEUG ZUR HAND

Beim Kauf einer Schere sollten Sie gleich eine Ersatzklinge mitkaufen. Verliert die eingebaute Klinge an Schärfe, können Sie diese ausbauen und zum Schleifen in den Fachhandel bringen. Mit Hilfe der Ersatzklinge können Sie die Schere auch in der Zwischenzeit nutzen.

Noch wichtiger ist der Kauf eines zweiten Sägeblatts bei allen Sägen. Denn bei ihnen ist das Nachschleifen des Sägeblatts ziemlich schwierig und nur für einen Fachmann möglich.

> PRAXIS

Für jedes Alter der richtige Schnitt

Je nach dem Alter des Gehölzes hat der Schnitt unterschiedliche Ziele: Er fördert sicheres Anwachsen, garantiert einen schönen Aufbau, erhält die Form und verjüngt das Gehölz, wenn es zu alt wird.

Mit dem richtigen Schnitt entwickelt sich ein Ziergehölz über Jahre hinweg optimal.

Pflanzschnitt

Wurzelnackte Ziergehölze ohne Erdballen pflanzen Sie in der Ruheperiode zwischen Herbst und Frühjahr. Bei wurzelnackten Gehölzen werden beim Ausgraben in der Baumschule Teile der Wurzeln entfernt. Um wieder ein Gleichgewicht zwischen Wurzel und Krone herzustellen, schneidet man sie nach der Pflanzung zurück.
■ Entfernen Sie zunächst nach innen weisende und verkümmerte Triebe.
■ Lassen Sie einen höheren Mitteltrieb sowie kräftige, nach außen weisende Seitentriebe stehen. Schneiden Sie sie dann um ein Drittel, schwache Triebe um die Hälfte zurück.
Ziergehölze im Topf oder Container können Sie ganzjährig pflanzen. Die heißen Sommermonate eignen sich aber weniger, da der Wasserbedarf bei Hitze sehr groß ist.
■ Fasern Sie beim Einpflanzen die Außenseiten des Wurzelballens etwas auf, damit die Wurzeln leichter den Weg ins Erdreich finden. Wurzeln, die sich kreisförmig um den Ballen schlingen, schneiden Sie zurück.
■ Lichten Sie quer oder schwach wachsende Triebe aus. Die verbleibenden kräftigen und langen Triebe kürzen Sie nicht ein. Sie verzweigen sich im folgenden Sommer gleichmäßig.

Erziehungsschnitt

Durch den Erziehungsschnitt erhält ein Gehölz im Lauf einiger Jahre seine optimale Form.
■ Entfernen Sie, je nach Wuchscharakter des Ziergehölzes, in den ersten ein bis fünf Jahren Triebe, die ins Innere wachsen.
■ Verschlanken Sie dann die Triebspitzen (→ Seite 28). So bleibt das Gehölz locker, und Licht kann ins Innere dringen.
■ Bei Sträuchern mit kurzlebigen Trieben (→ ab Seite 40) entfernen Sie ab dem dritten Jahr ein Viertel der älteren Triebe. Sie werden durch bodenbürtige Jungtriebe ersetzt.
■ Bei Sträuchern mit dauerhaftem Gerüst (→ ab Seite 52) entfernen Sie junge Bodentriebe. Je langlebiger die Triebe und das Gehölz sind, umso länger dauert die Erziehungsphase.

Erhaltungsschnitt

Als Erhaltungsschnitt bezeichnet man regelmäßige Schnittmaßnahmen an einem voll

---

Praxisinfo

GRENZABSTÄNDE UND NACHBARRECHT

■ Bei der Pflanzung von Gehölzen gibt es Vorschriften über Mindestabstände zur Grenze des Nachbargrundstücks. Diese sind abhängig vom Kronendurchmesser und der durchschnittlichen Endhöhe des Gehölzes. Zum Teil sind sie mit Höhenbeschränkungen verknüpft.

■ Die einzelnen Bestimmungen sind in den Nachbarrechtgesetzen (NRG) der Bundesländer geregelt. Erkundigen Sie sich vor dem Pflanzen bei Ihrer Gemeinde, welche Vorschriften gelten.

━ 1. Schritt   ━ 2. Schritt   ━ 3. Schritt

entwickelten Gehölz. Ziel ist, die Vitalität zu wahren. Je nach Wuchsform (→ Seite 16/17) gilt es, junge Triebe aus dem Boden (Spiräe) oder im Gerüstbereich (Zierapfel) zu erhalten und zu fördern. So ersetzen Sie vergreisende Bodentriebe oder besenartige Triebenden. Dieser Schnitt regt eine stetige Erneuerung der Pflanze an. Der natürliche Alterungsprozess wird verzögert oder sogar unterbrochen. Gehölze mit kurzlebigen Trieben schneiden Sie jährlich, solche mit langlebigen Trieben alle zwei bis drei Jahre.

Verjüngungsschnitt

Wenn Sie keinen regelmäßigen Erhaltungsschnitt durchführen, altert Ihr Gehölz schneller. Es entstehen kaum noch Jungtriebe. Die Blütenfülle lässt nach. Mit einer Verjüngung revitalisieren Sie Ihr Ziergehölz.

■ Entfernen Sie bei Sträuchern mit kurzlebigem Holz überalterte Triebe vollständig bodennah und belassen Sie Jungtriebe aus dem Boden als Ersatz.

■ Schneiden Sie bei Gehölzen mit stabilem Gerüst vergreiste Triebteile sowie überhängende Besen auf junge vitale Triebe zurück. Verschlanken Sie die neuen Triebspitzen (→ Seite 28).

■ Lichten Sie die im Jahr nach der Verjüngung entstehenden Triebe aus. Entfernen Sie dabei nach innen, sehr dicht oder steil wachsende Jungtriebe. Verschlanken Sie die Triebspitzen.

■ Führen Sie in den folgenden Jahren regelmäßig einen Erhaltungsschnitt durch.

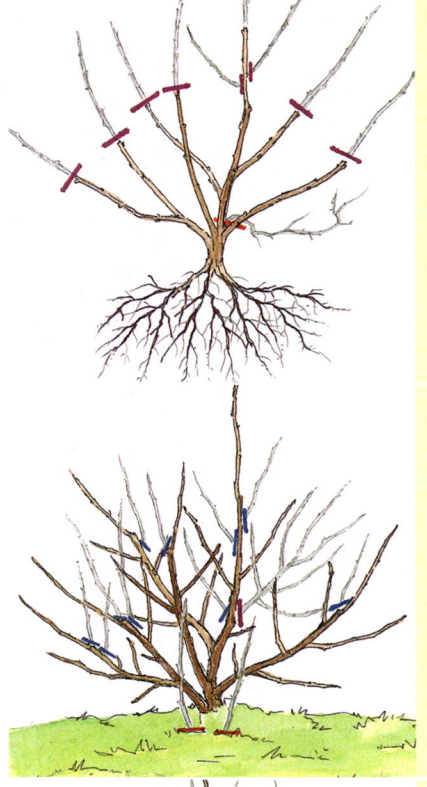
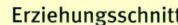

1 Pflanzschnitt
Beim Pflanzschnitt kürzen Sie an wurzelnackten Gehölzen kräftige Triebe um ein Drittel, schwache um die Hälfte ein. Die Mitte bleibt dabei höher als die Seitentriebe.

2 Erziehungsschnitt
Beim Erziehen entfernen Sie nach innen oder steil wachsende Triebe ganz und verschlanken die Triebspitzen. Das Schneiden der Bodentriebe hängt davon ab, wie lange sie vital bleiben.

Erhaltungsschnitt
Vergreiste Bodentriebe lichtet man aus und ersetzt sie durch Jungtriebe. Nach innen wachsende Triebe werden regelmäßig entfernt, Besen auf Jungtriebe umgelenkt, Triebspitzen verschlankt.

Verjüngungsschnitt
Verjüngung ist nur nötig, wenn der Erhaltungsschnitt versäumt wurde. Zur Revitalisierung fällt der Schnitt stärker aus – wie stark, hängt von der Art ab. 4

> PRAXIS

Die verschiedenen Schnittformen

Die Schnittform entscheidet, wie stark und an welcher Stelle ein Ziergehölz wieder austreibt. Setzen Sie die Schnitt-Varianten zielgerichtet ein – so können Sie das Wachstum geschickt steuern.

Beim Frühjahrsschnitt entsteht an der Schnittstelle ein Saftstau (→ Seite 12). Dadurch wird an dieser Stelle ein stärkerer Neuaustrieb angeregt. Da sich nun der Saftdruck auf weniger Knospen verteilt, fällt die Reaktion umso stärker aus. Zugleich beeinflusst die Schnittform die Stärke der Reaktion. Man unterscheidet vier verschiedene Schnittformen, mit denen sich alle Schnittziele erreichen lassen: Einkürzen, Umlenken, Verschlanken sowie Auslichten.

Das Einkürzen

Einkürzen ist der am meisten verbreitete Schnitt. Doch oft ist dieser Schnitt für das beabsichtigte Ziel ungeeignet. Unter Einkürzen versteht man den Rückschnitt von vor allem einjährigen Trieben im äußeren Gehölzbereich. Gerade sie tragen jedoch bei vielen Ziergehölzen die Blütenknospen. Eine wahre Verjüngung findet beim Einkürzen nicht statt. Das Wachstum wird andererseits bei dieser Schnittvariante am stärksten angeregt. Die verbleibenden Knospen

Einkürzen 1
Dabei kürzen Sie einjährige Triebe im äußeren Bereich des Strauches. Durch den Saftstau an den Schnittstellen entwickeln sich viele Jungtriebe. Einkürzen regt das Wachstum am stärksten an.

Umlenken 2
Durch das Umlenken auf einen tiefer stehenden Trieb als neue Fortsetzung fällt die Anregung schwächer aus als beim Einkürzen. Der verbleibende Seitentrieb bildet die neue Triebspitze, die den Saftdruck aufnimmt.

Verschlanken
Beim Verschlanken bleibt die ursprüngliche Triebfortsetzung erhalten, lediglich Seitentriebe werden entfernt. Bei dieser Form wird das Wachstum am geringsten angeregt, und die natürliche Form bleibt am ehesten erhalten.

am verkürzten Trieb erhalten den vollen Saftdruck. Wenn Sie diese Methode mehrere Jahre wiederholen, wird der Neuaustrieb von Jahr zu Jahr verstärkt angeregt. Das Gehölz verkahlt an der Basis, und Frühjahrsblüher bilden kaum noch Blüten (→ Seite 32). Kürzen Sie deshalb einjährige Triebe nur nach dem Pflanzen ein. Nur bei Ziergehölzen, die am diesjährigen Trieb blühen, wird diese Praktik in der Folge beibehalten. In allen anderen Fällen bleiben einjährige Triebe ungeschnitten oder werden ganz entfernt.

Das Umlenken

Beim Umlenken werden steile oder überhängende Triebe entfernt. Ein bisher weiter innen ansetzender Seitentrieb bildet die neue Triebfortsetzung. So reduzieren Sie die Größe des Gehölzes, ohne dass der Eingriff merklich auffällt. Achten Sie darauf, dass sich diese neuen Spitzen gut in die Gesamtform des Zierstrauchs einfügen. Die Triebe wirken zudem wie »Blitzableiter«: Sie nehmen auf der ganzen Länge und mit all ihren jungen Knospen den durch den Schnitt erhöhten Saftdruck auf.
Am verbliebenen Haupttrieb entsteht ebenfalls ein starker Saftstau, der sich in Neuaustrieben unterhalb der Schnittstelle seinen Weg sucht. Diese Triebe bleiben jedoch schwächer als beim Einkürzen und entwickeln sich mehr im Strauchinneren. Wenn die neue Fortsetzung fast rechtwinklig zum ursprüngli-

---

Praxisinfo

SO BLEIBEN GEHÖLZE KLEIN

Werden Sträucher zu groß, wird üblicherweise eingekürzt, um die Gehölze zu verkleinern. Diese Verkleinerung ist aber nur von kurzer Dauer. Denn mit dieser Schnittform regen Sie das Gehölz im äußeren Bereich erst recht zu neuem Wachstum an.

Eine echte Verkleinerung bei Sträuchern erreichen Sie, indem Sie umlenken, verschlanken oder auslichten. So entsteht der Saftdruck nicht außen, sondern im Inneren des Gehölzes, und das Wachstum wird gebremst.

---

chen Haupttrieb abzweigt, entsteht an dieser Stelle ein enormer, anhaltender Saftstau. Er entlädt sich über Jahre in kräftigen Jungtrieben. Hat der Trieb, auf den umgelenkt wurde, dagegen fast dieselbe Wuchsrichtung wie der entfernte Trieb, wird der Saftstau eher abgepuffert. Die Schnittstelle fällt nach einigen Jahren kaum mehr auf.

Das Verschlanken

Beim Verschlanken entfernt man mit dem Spitzentrieb konkurrierende Seitentriebe. Das können sowohl ein- als auch mehrjährige Triebe sein. Der Strauch oder Baum bleibt mit dieser Schnittmethode locker. Zugleich gelangt vermehrt Licht in das Innere des Gehölzes. Die dort wachsenden Triebe bleiben vital und verbrauchen Energie. Dadurch wächst der Strauch im äußeren Bereich schwächer, die gesamte Pflanze bleibt kleiner. Das Verschlanken ist die diskreteste Schnittform. Der Neuzuwachs wird am geringsten angeregt. Denn

im Gegensatz zum Umlenken oder Einkürzen haben Sie die eigentliche Triebfortsetzung weder entfernt noch unterbrochen. An den Schnittstellen der entfernten Seitentriebe bilden sich nur kurze Neutriebe. Der ungeschnittene Spitzentrieb treibt ebenfalls nur schwach aus.

Das Auslichten

Von Auslichten spricht man, wenn man bei Sträuchern ganze Triebe am Boden entfernt. Das Ziergehölz wird dadurch lockerer, ohne dass die Schnittmaßnahme auffällt. So wird das Wachstum neuer Bodentriebe angeregt. Sie sind wertvoll für die Vitalität der Pflanze, weil sie direkt der Wurzel entspringen. Auslichten dient somit nachhaltig der Verjüngung von Sträuchern. Manchmal wird der Begriff »Auslichten« auch für das Entfernen steiler oder nach innen wachsender Triebe verwendet. Oft handelt es sich dabei um einen Nebeneffekt der Verschlankung eines Spitzentriebs.

Schnittführung und Wundpflege

Beim Schnitt kommt es auf die richtige Schnittführung und auf sauberes Arbeiten an. Diese Sorgfalt werden Ihnen Ihre Ziergehölze mit Blütenfülle und Langlebigkeit danken.

Die zielgerichtete und saubere Schnittführung lässt Wunden, die beim Schnitt entstehen, schneller heilen und vermindert damit Krankheitsbefall. Dies gilt für den Schnitt an jungen Knospen und jüngeren Trieben ebenso wie für den an älteren Ästen. Glatte, saubere Wundränder unterstützen außerdem die schnelle Bildung von Wundgewebe.

> *Entfernen Sie einen größeren Ast zuerst auf einen Aststumpen, damit er nicht einreißt.*

— richtig — falsch

An Knospen schneiden

Beim Einkürzen von einjährigen Trieben (→ Seite 28) schneiden Sie direkt an jungen Knospen.
■ Schneiden Sie bei wechselständigen Knospen (→ Abb. 1, oben) leicht schräg von der Knospe weg. Bei gegenständigen Knospen (→ Abb. 1, unten) schneiden Sie leicht schräg parallel von beiden Knospen weg.
■ Schneiden Sie nicht zu dicht an der Knospe, sonst trocknet sie ein. Es darf aber auch kein zu langer Triebstummel stehen bleiben. Er stirbt meist ab und verhindert den Wundverschluss. Zusätzlich fördert totes Gewebe den Befall mit Pilzkrankheiten. Um den richtigen Abstand zu finden, legen Sie die freie Hand im rechten Winkel an die Knospe und setzen die Schere zum Schnitt direkt darüber an.

An Trieben schneiden

Wenn Sie Triebe im Strauch auslichten oder Spitzentriebe verschlanken, lassen Sie den kleinen Wulst zwischen Seiten- und Haupttrieb, den so genannten Astring, stehen. In diesem Astring konzentriert sich teilungsfähiges Gewebe, das Wunden schneller heilen lässt.
■ Setzen Sie die Schere oder Säge auf der oberen Seite des Triebs an diesem Wulst an und führen Sie den Schnitt leicht schräg vom Haupttrieb nach unten und außen.
■ Achten Sie auf glatte Wundränder. Nur hier bildet sich sofort ein Wall aus Wundgewebe, der die Wunde nach und nach verschließt. Bei größeren Wunden kann dies Jahre dauern.

Ältere Äste sägen

Beim Arbeiten mit der Säge gelten dieselben Regeln wie beim Schneiden mit der Schere.
■ Dickere, schwere Äste sägen Sie zunächst etwa 50 cm über der eigentlichen Schnittstelle von unten her an. Versuchen Sie, ein Drittel des Astes anzusägen. Ziehen Sie aber die Säge heraus, bevor sie unter dem Gewicht des Astes einklemmt.
■ Dann sägen Sie ca. 70 cm über der eigentlichen Schnittstelle von oben in den Ast ein, bis er reißt. Er bricht unter seinem eigenen Gewicht ab, aber nur bis zu der Stelle, an der Sie von unten her eingesägt haben. Der Hauptast bleibt unverletzt.
■ Im dritten Schritt entfernen Sie den Aststumpf am Astring (→ Abb. links). Halten Sie ihn dabei mit der freien Hand fest.

Wunden pflegen

Kontrollieren Sie Wunden nach dem Schnitt in den darauf folgenden Jahren regel-

falsch   richtig

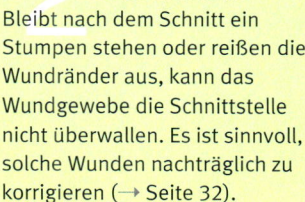

An Knospen schneiden
Kürzt man Triebe direkt über einer Knospe ein, schneidet man leicht schräg von der Knospe weg, bei gegenständigen Knospen schräg parallel zu den Knospen. Nie zu dicht an der Knospe schneiden und Triebstummel vermeiden!

Schlecht heilende Wunde
Bleibt nach dem Schnitt ein Stumpen stehen oder reißen die Wundränder aus, kann das Wundgewebe die Schnittstelle nicht überwallen. Es ist sinnvoll, solche Wunden nachträglich zu korrigieren (→ Seite 32).

Gut heilende Wunde
Wurde ein Trieb direkt am Astring entfernt, bildet sich ein gleichmäßiger Wulst aus Wundgewebe. Nach und nach verschließt er die Wunde ganz. Unterhalb der Wunde bilden sich Jungtriebe, die den Wundverschluss beschleunigen.

mäßig. So haben Sie im Auge, ob die Heilung problemlos und zügig vonstatten geht.

Pflege ein Jahr später

Durch den Saftstau an der Schnittstelle entwickelt das Gehölz zusätzlich unterhalb der Wunde meist mehrere Jungtriebe (→ Abb. 3). Von diesen entfernen Sie alle steil wachsenden Triebe. Lassen Sie jedoch mindestens einen flach wachsenden Trieb stehen. Dieser nimmt den Saftdruck auf. Durch sein Wachstum fördert er zugleich die Bildung von zusätzlichem Wundgewebe. Ist die Wunde schließlich verschlossen, können Sie den Trieb entfernen. Wenn er sich aber gut in den Gesamtaufbau des Gehölzes integriert, können Sie ihn auch stehen lassen.

Wunden verschließen

Die wichtigste Regel zur Wundpflege lautet: Vermeiden Sie unbedingt große Wunden! Entfernen Sie statt eines großen Astes eher zwei bis drei kleinere Triebe.
Wenn Sie im Sommer schneiden und die Wundränder glätten, ist kein künstlicher Wundverschluss nötig. Der Baum schottet die Wunde von innen her gegen Pilzbefall ab.
Wenn Sie im Frühjahr schneiden, können bei Wunden Teile des Haupttriebs eintrocknen. Dies verhindern Sie, indem Sie nur die Wundränder dünn mit Wundverschlussmittel verstreichen. Nehmen Sie zum Auftragen einen Pinsel oder Spatel – je nach Festigkeit der Paste. Achten Sie darauf, dass der Holzkern frei bleibt und atmen kann.

Kontrollieren Sie verstrichene Wunden. Löst sich das Baumwachs vom Holz, entfernen Sie es und säubern den Wundrand. Hat sich ein Wulst aus Wundgewebe gebildet, ist nochmaliges Verstreichen überflüssig. Sonst streichen Sie erneut ein.

Alte Stümpfe

Ist durch einen falschen Schnitt ein eingetrockneter Aststumpf entstanden, kann das Gehölz die Wunde nicht schließen (→ Abb. 2). Entfernen Sie den Stumpf an der Basis, wo sich ersatzweise ein Wundgewebskragen gebildet hat. Er darf leicht verletzt werden. Dies regt die Gewebebildung an. Einen solchen Eingriff verträgt das Gehölz im Sommer besser als im Frühjahr.

Häufige Schnittfehler und ihre Korrektur

ZU HÄUFIGES EINKÜRZEN	RASUR AUF EINER HÖHE	RADIKALE VERJÜNGUNG

Fehler: regelmäßiges Einkürzen der äußersten Triebe
Folge: an den Schnittstellen wachsen die Triebe übermäßig und bilden »Besen«, Strauch verkahlt an der Basis, bei Frühjahrsblühern fehlen Blüten
Korrektur: ganze Triebe im Innern oder am Boden herausnehmen; Besen auf einen weiter innen wachsenden Trieb umlenken; einjährige Triebe auf keinen Fall einkürzen

Fehler: der Strauch wurde Jahr für Jahr auf selber Höhe zurückgeschnitten
Folge: über der Schnittlinie bilden sich überlange Jungtriebe, im unteren Bereich verkahlt das Gehölz; natürliche Form nicht mehr zu erkennen
Korrektur: vergreiste Triebe bodennah entfernen; für jeden Haupttrieb aus der Masse der Jungtriebe nur eine Fortsetzung lassen, nicht einkürzen; neue Triebspitzen verschlanken

Fehler: der ganze Strauch wurde am Boden abgeschnitten, kein Trieb verbleibt
Folge: sehr viele, zum Teil überlange Jungtriebe treiben aus dem Wurzelstock aus
Korrektur: einjährige Triebe auf 5 (Hasel, Felsenbirne) bis 12 (Spiräe, Forsythie) Triebe auslichten; weitere Pflege wie in den jeweiligen Porträts beschrieben

GEHÖLZE KAPPEN	TRIEBSTUMPEN	SCHNITT VERSÄUMT

Fehler: das Einkürzen älterer Triebe mitten im Trieb, kein Seitentrieb bleibt als »Blitzableiter«
Folge: an den Schnittstellen bilden sich überlange Triebe, unterhalb der Schnittstelle entsteht Fäulnis
Korrektur: einen steil wachsenden Jungtrieb als neue Spitze stehen lassen und verschlanken; einige flache Triebe unterhalb der Kappung verbleiben, den Rest entfernen

Fehler: ein Ast ist abgebrochen oder wurde nicht am Astring, sondern ein Stück oberhalb entfernt
Folge: der Aststumpen trocknet ein, und der sich bildende Wulst aus Wundgewebe kann die Wunde nicht schließen
Korrektur: den Stumpen am Wulst entfernen; ein leichtes Verletzen des Wulstes zugunsten eines tieferen Schnitts ist möglich

Fehler: Sommerflieder, Hibiskus oder Lavendel wurden nicht geschnitten
Folge: die Gehölze verkahlen, blühen nur noch wenig; nach einigen Jahren trocknen ältere, sparrige Triebe ein
Korrektur: kräftig zurückschneiden und auf die untersten Jungtriebe umlenken; am besten von Jugend an jährlich kräftig zurückschneiden, um das Wachstum von Jungtrieben aus dem Boden anzuregen

Häufige Schnittfehler und ihre Korrektur

NIE AUSGELICHTET

Fehler: es wurde über Jahre versäumt, das Ziergehölz zu schneiden
Folge: das Gehölz ist je nach Wuchsform teilweise oder vollständig vergreist und von unten her verkahlt
Korrektur: älteste Triebe am Boden auslichten, Besen im äußeren Bereich auf weiter innen wachsende Jungtriebe umlenken; dann jährlicher, dem Gehölz entsprechender Schnitt

WILDTRIEBE NICHT ENTFERNT

Fehler: bei einem veredelten Gehölz wurden aus dem Boden kommende Wildtriebe nicht entfernt
Folge: die Wildtriebe wachsen stärker als die Edelsorte, die allmählich vergreist und verkümmert
Korrektur: jährlich Wildtriebe an der Wurzel entfernen, dazu gegebenenfalls den Wurzelbereich mit einem Spaten freilegen, um die Wildtriebe ausreißen zu können

BUCHSSPITZEN ERFROREN

Fehler: Formen oder Hecken aus Buchs wurden im Spätsommer oder Herbst geschnitten
Folge: in warmen Herbsten entwickeln sich Neuaustriebe, die nicht mehr ausreifen; sie erfrieren im Winter
Korrektur: Buchs nur zwischen März und Juli schneiden, so kann der Neuaustrieb im Sommer noch genügend ausreifen

THUJA ZU STARK VERJÜNGT

Fehler: Thujahecke wurde verjüngt, der Schnitt erfolgte hinter den letzten benadelten Trieben
Folge: im unbenadelten Bereich treibt Thuja nicht mehr aus; Triebe trocknen bis zum nächsten Haupttrieb zurück
Korrektur: Thuja unbedingt nur im benadelten Bereich schneiden; es ist nicht möglich, eine zu stark geschnittene Hecke im Nachhinein zu korrigieren

HECKE VERKAHLT UNTEN

Fehler: eine formale Hecke wurde bis zur Endhöhe nicht geschnitten und erst dann jährlich eingekürzt
Folge: durch fehlende Schnittstellen im unteren Bereich gibt es keinen Saftstau, es besteht kein Wachstumsanreiz für die dortigen Seitentriebe; die Triebe vergreisen allmählich
Korrektur: starker Rückschnitt von auf die Hälfte bis ein Viertel und stufenweiser Neuaufbau der Hecke

FALSCHES UMLENKEN

Fehler: ein Spitzentrieb wurde auf einen inneren Seitentrieb umgelenkt, der nach unten, nach innen oder zur Seite weist
Folge: eine neue Fortsetzung entwickelt sich unharmonisch weiter und stört die natürliche Form
Korrektur: auf einen weiter innen wachsenden, nach außen weisenden Trieb umlenken; er sollte die Wuchsrichtung des Haupttriebs aufnehmen

2

Schnitt-praxis

Ziersträucher und Bäume

Die Vielfalt der Ziersträucher und Bäume ist groß: Sie reicht vom duftigen Flieder bis zur üppigen Hortensie und vom prächtigen Zierapfel bis zur strengen Eibe. Weil sie so verschieden sind, braucht jeder Baum und jeder Strauch seinen ganz spezifischen Schnitt.

Ziergehölze erfreuen Sie über Jahre hinweg mit Blüten, Früchten, Blättern oder ihrer einzigartigen Gestalt. Voraussetzung ist, dass sie richtig geschnitten werden. Wenn Sie einige Grundregeln beachten und auf Ihre Ziergehölze übertragen, wird der Schnitt sicher gelingen.

Der Aufwand für den Schnitt variiert von Art zu Art: Manche Gehölze müssen jedes Jahr geschnitten werden, um vital zu bleiben. Anderen wiederum müssen Sie nur alle paar Jahre einen Besuch mit Schere oder Säge abstatten.

Platzbedarf beachten

Bedenken Sie bereits beim Kauf Ihrer Ziergehölze, welche Endgröße sie erreichen. Werden Sträucher oder Bäume zu groß, müssen Sie sie ständig verkleinern, die Gehölze können sich dann nie zu ihrer ganzen Schönheit entfalten. Auch wenn Gehölze zu eng stehen, wird das eine immer unter dem anderen leiden. Falls Sie jedoch einen alten Garten übernehmen, stehen Sie vor vollendeten Tatsachen: Dann heißt es überlegen, ob Sie ein zu großes Gehölz durch einen Schnitt dauerhaft verkleinern, es entfernen oder es nicht doch besser durch ein neues ersetzen wollen.

Schnittziel bedenken

Das Ziel des Ziergehölzschnitts ist es, eine harmonische Gestalt zu erreichen und bei Blütensträuchern eine üppige Blüte zu fördern. Je nach Intensität, Form und Zeitpunkt des Schnitts können Sie das Wachstum von Ziergehölzen unterschiedlich anregen. Im Sommer sehen Sie dann, ob die Pflanze wunschgemäß reagiert. Entsprechend setzen Sie den Schnitt im folgenden Jahr fort oder korrigieren ihn.

Bevor Sie beginnen, sollten Sie für jedes einzelne Gehölz folgende Fragen klären: Wann ist der richtige Schnittzeitpunkt (→ Seite 14/15 und 20/21)? In welcher Lebensphase befindet sich das Gehölz: Braucht es einen Erziehungs-, Erhaltungs- oder Verjüngungsschnitt (→ Seite 26/27)? Erst dann wählen Sie den Schnitt, der den Bedürfnissen des jeweiligen Gehölzes optimal entspricht.

Richtig geschnitten blüht Sommerflieder (rechts) bis in den Herbst. Die früh blühende Zaubernuss (links) muss man kaum schneiden.

Laubbäume: pflegeleichte Solisten

Hat man sich in der Jugendphase gut um seine Bäume gekümmert, entwickeln sie sich später gemäß ihrer natürlichen Form und brauchen kaum noch Pflege. Erst wenn sie altern, ist wieder mehr Fürsorge nötig.

Krone zu dicht
Ohne einen Schnitt in der Jugend werden Bäume oft sehr dicht und entwickeln viele Gerüsttriebe. Sie behindern sich gegenseitig und schießen in die Länge. Der Baum verkahlt, der Schwerpunkt der Krone verlagert sich in die Höhe.

Hochstämmige Bäume entwickeln ihre typische Gestalt frühestens nach zehn Jahren. Sie wachsen aber noch viele Jahre weiter. Machen Sie sich also unbedingt vor dem Kauf klar, welche Größe der gewählte Baum nach 20 bis 30 Jahren erreicht haben wird. Wählen Sie unbedingt eine Baumart aus, die sich an dem für sie vorgesehenen Standort räumlich frei entfalten kann. Müssen Bäume aufgrund von Platzmangel ständig geschnitten werden, büßen sie mit der Zeit ihre natürliche Form ein. Außerdem wird die Krone durch das häufige Schneiden oft instabil, einzelne Äste können abbrechen.

Aufbau und Erziehung

Bäume bestehen aus einem Stamm, von dem die Krone – ein Gerüst aus Mitteltrieb und Seitentrieben – abgeht. Dieser Aufbau bleibt lebenslang erhalten. Achten Sie beim Kauf darauf, dass Stamm und Mitteltrieb gerade sind. Außerdem dürfen Stamm und Wurzelansatz nicht beschädigt sein. Für die Erziehung gelten folgende Regeln:

- Der Mitteltrieb und vier bis fünf gleichmäßig verteilte Seitentriebe bilden das Gerüst bzw. die Krone. Kürzen Sie diese Triebe nach dem Pflanzen und in den folgenden Jahren nicht ein. Weitere Seitentriebe, vor allem starke oder steil stehende, entfernen Sie dagegen vollständig.
- Am Mitteltrieb, oberhalb der seitlichen Gerüsttriebe, lässt man nach dem Schnitt nur noch kleinere, flach wachsende Triebe stehen. Verschlanken Sie Jahr für Jahr die Gerüsttriebe, sodass sich keine Konkurrenztriebe bilden können.
- Entfernen Sie regelmäßig steil oder nach innen wachsende Triebe.
- Bei Bäumen mit gegenständigen Knospen (→ Seite 30/31) wie Ahorn oder Esche stirbt

Praxisinfo

HILFE VOM PROFI

Brauchen große Bäume einen Schnitt, ist die Hilfe und der Rat des Baumpflegers nötig (→ Seite 126, Adressen):

- Große Bäume lassen sich oft nicht mehr von der Leiter aus schneiden. Auch kann ein unsachgemäßer Schnitt große Wunden verursachen. Deshalb sollte ein Baumpfleger den Schnitt von einer Hebebühne aus durchführen.
- Große, instabile Äste können abbrechen und Schäden verursachen. Holen Sie Hilfe vom Fachmann, denn Sie sind für die Verkehrssicherheit Ihrer Bäume verantwortlich.

Krone auslichten

Um das Wachstum zu beruhigen, lichtet man starke und steile Triebe entlang der Mitte oberhalb der gewünschten Gerüsttriebe aus. Die Krone wird locker, es gelangt Licht ins Innere und der Baum wächst außen langsamer.

Krone erziehen

Wurde die Krone mit mehreren Gerüsttrieben und einem Mitteltrieb erzogen, ist ihr Aufbau harmonisch. Man muss nur noch wenig schneiden, lediglich steile und sich kreuzende Triebe lichtet man alle paar Jahre aus.

Krone kappen

Kappen zerstört die natürliche Form, und die großen Wunden trocknen meist zurück. Neutriebe sind nicht stabil mit dem Gerüst verwachsen. An solchen Bäumen muss man alle zwei bis drei Jahre die stärksten Triebe auslichten.

die Spitzenknospe am Triebende oft ab. Die beiden darunterliegenden Knospen treiben dann gleichberechtigt aus und machen sich gegenseitig Konkurrenz. In diesem Fall entfernt man den nach innen oder zur Seite weisenden Trieb, um wieder eine klare Fortsetzung des Haupttriebs zu erreichen.

■ Schneiden Sie Laubbäume besser im Sommer. Das ist für die Bäume verträglicher und bremst übermäßiges Wachstum. Junge Laubbäume können Sie auch im Spätwinter oder Frühjahr schneiden, wenn Sie das Wachstum anregen wollen.

Problemtriebe erkennen

Seitentriebe, die an der Basis sehr steil stehen, sind unzureichend mit dem Haupttrieb verwachsen. Solche Triebe nennt man Schlitzäste. Bei starker Belastung durch Witterung oder das Eigengewicht brechen sie leicht ab. Sie sind eine Gefahrenquelle. Solche Triebe erkennen Sie schon im ersten Jahr an zwei klar gegeneinander abgegrenzten Wülsten auf der Oberseite des Astansatzes. Entfernen Sie solche Schlitzäste sofort. Auch Konkurrenztriebe zum Mitteltrieb entfernt man gleich im ersten Jahr.

Bäume »verkleinern«

Wird ein Baum zu groß, werden seine Triebe oft mitten im Astwerk gekappt. Dadurch wird die natürliche Wuchsform zerstört, und an den Wundstellen entsteht Fäulnis. Der Baum versucht zudem, den immensen Saftstau nach dem Kappen aus-

zugleichen und das Gleichgewicht zwischen Wurzel und Krone sowie seine ursprüngliche Größe wieder zu erreichen. Junge Triebe und Knospen fehlen jedoch als »Blitzableiter«. Deshalb aktiviert der Baum alte Knospen unter der Rinde, so genannte schlafende Augen. Diese bilden lange, instabile Triebe. Nur selten sind sie fest mit dem Hauptast verwachsen und müssen nach einigen Jahren entfernt werden. Um das Wachstum eines Baumes verträglich zu bremsen, lichten Sie kleinere Triebe mit einem Durchmesser von bis zu 10 cm aus. Verschlanken Sie die äußeren Bereiche der Gerüsttriebe. Sie verringern so zwar nicht die absolute Höhe, doch der Baum wächst in den folgenden Jahren langsamer.

Ziersträucher:
Schnitt für Individualisten

Ziersträucher sind mehrtriebig, sie bilden ihr Leben lang neue Triebe oder bauen ein bodennahes Gerüst auf. Die Zahl der Triebe ist unterschiedlich, und je nach Gehölzart sind die Triebe unterschiedlich lange vital.

Wegen ihrer überaus großen Formenvielfalt und ihrem unterschiedlichen Wuchsverhalten werden Ziersträucher sehr verschieden geschnitten. So variieren nicht nur die Schnitthäufigkeit oder die Schnittform, sondern vor allem auch der Schnittzeitpunkt.

Sensible Halbsträucher

Als »Halbsträucher« werden vorwiegend mediterrane Gehölze bezeichnet. In ihrer Heimat müssen sie kaum Frost ertragen, in unseren Breiten frieren sie aber oft teilweise oder ganz zurück. Denn bei uns verholzen Lavendel, Salbei oder Bartblume zwar an der Basis, aber mit zunehmendem Alter des Holzes steigt die Gefahr des Erfrierens. Schneiden Sie diese Pflanzen deshalb von Jugend an jährlich im späten Frühjahr kräftig zurück (→ Seite 42). So fördern Sie junge Bodentriebe und verhindern übermäßiges Verholzen.

Sommerblüher

Diese Sträucher wachsen und blühen den ganzen Sommer an diesjährigen Trieben (→ ab Seite 44). Ein Schnitt zu dieser Zeit entfernt die laufend entstehenden Blütenanlagen. Sommerblüher schneidet man deshalb stets im Frühjahr vor der Blüte. Ein starker Schnitt führt zu kräftigem Wachstum und langer Blüte. Sommerflieder und Hibiskus sind bekannte Vertreter dieser Gruppe, Fünffingerstrauch, Rispenhortensie und sommerblühende Spiräen zählen ebenfalls dazu. Achten Sie beim Schnitt nicht nur auf die Förderung der Blüte, sondern auch auf die Gestalt des Strauches. Lassen Sie einige kleine Triebe ungeschnitten. Solche Alibitriebe tragen zur natürlichen Form bei.
Ähnlich wie bei mediterranen Halbsträuchern dient auch bei einigen Arten dieser Gruppe der jährlich kräftige Schnitt dem frühzeitigen Ersatz alten Holzes.

Frühjahrsblüher

Viele Ziersträucher bilden die Blütenknospen bereits im Sommer des Vorjahrs aus, sie über-

Hortensie 'Annabelle' (außen) und Rispenhortensien (Mitte) blühen an diesjährigen Trieben.

Nur ein jährlicher starker Schnitt nach der Blüte erhält bei Mandelbäumchen die volle Vitalität.

schön weiter. Dazu zählen Zaubernuss (→ Seite 108), Scheinhasel (→ Seite 113) und Felsenbirne (→ Seite 54), aber auch einige Schneeballarten (→ Seite 62). Man schneidet sie nur alle paar Jahre nach der Blüte.

Sträucher verjüngen

Werden Ziersträucher zu groß oder vergreisen, ersetzt man durch einen Verjüngungsschnitt einen oder mehrere Triebe bodennah. An der Schnittstelle entstehen neue Triebe. Einer davon übernimmt in den nächsten Jahren die Stelle des entfernten Triebes (→ Seite 58). Überzählige Triebe entfernt man.

Die Ausnahme: Flieder

Flieder bildet ein stabiles Gerüst und langlebiges Blütenholz. Die Blüten erscheinen an den obersten zwei bis vier Knospen einjähriger Triebe. Mit abnehmender Trieblänge sinkt die Zahl der Blütenknospen, und die Blütenstände werden immer kleiner. Nach den Regeln würde man Flieder nach der Blüte schneiden. Aber er treibt gleichzeitig mit der Blüte aus, und zum Ende der Blüte ist meist das Wachstum schon abgeschlossen. Deshalb schneidet man sehr vitalen Flieder zur Wachstumsberuhigung nach der Blüte. Damit reduziert sich die Blütenfülle im kommenden Jahr. Vergreisten Flieder schneiden Sie vor der Blüte. Sie verzichten so zwar auf Blüten, das Gehölz erhält aber einen Wachstumsschub (→ Seite 56/57).

wintern am Trieb (→ ab Seite 48). Sie blühen im Frühjahr und entwickeln nach der Blüte wiederum neue Triebe mit den Knospen für das folgende Jahr. Schneiden Sie solche Sträucher vor der Blüte, entfernen Sie die meisten Blüten. Schneiden Sie Frühjahrsblüher deshalb nach der Blüte! Je eher Sie nach der Blüte schneiden, umso mehr Zeit bleibt dem Gehölz für neues Wachstum.

Einjährige Langtriebe

An einjährigen Langtrieben blühen Spiräen (→ Seite 50) und Mandelbäumchen (→ Seite 49). Die meisten Blüten finden sich bei ihnen an Trieben, die länger als 30 cm sind. Wenn Sie nicht regelmäßig schneiden, entwickeln sich nur kurze Triebe, die spärlich blühen. Bald verkahlt das Strauchinnere, ältere Triebe sterben ab. Der Strauch verliert seine Schönheit. Durch den kräftigen jährlichen Schnitt entfernen Sie alte Triebe. So entstehen viele neue Langtriebe, die reichlich blühen.

Einjährige Seitentriebe

Die schönste Blütenfülle findet sich bei Forsythie (→ Seite 52), Blutjohannisbeere (→ Seite 109) oder Gefülltem Schneeball (→ Seite 62) an den einjährigen Seitentrieben der zweijährigen Langtriebe. Das gesamte Blütenholz ist also ein Jahr älter als bei der vorigen Gruppe. In milden Klimaten blühen diese Sträucher teils schon an den einjährigen Langtrieben. Ihre volle Schönheit entwickeln sie aber erst im zweiten Jahr an den Seitenverzweigungen. Ab dem dritten Jahr beginnen die Triebe zu vergreisen und blühen immer weniger. Der regelmäßige Schnitt fördert auch hier die Bildung neuer Jungtriebe, aber alte Triebe werden erst im dritten Jahr entfernt.

An älteren Trieben vital

Eine weitere Gruppe blüht erstmals an Seitenverzweigungen, vorwiegend an einjährigen Kurztrieben. Im Gegensatz zur vorigen Gruppe blühen sie auch an altem Holz zuverlässig und

Halbsträucher und verholzende Kräuter

Lavendel, Salbei und Säckelblume verbreiten mediterranes Flair. Im Süden bilden sie verholzte Triebe und werden oft Jahrzehnte alt. Bei uns brauchen sie einen speziellen Schnitt, um vital zu bleiben.

Frostempfindliche Halbsträucher wie Lavendel und Co. schneidet man weniger wie Ziersträucher, sondern eher wie Stauden. Damit sie sich in unserem Klima zu Pflanzen entwickeln, die viele Jahre lang wachsen und blühen, verzichtet man darauf, sie zu größeren Pflanzen mit verholztem Gerüst heranzuziehen. Es bekommt ihnen besser, wenn man durch einen massiven Schnitt Jahr für Jahr das Wachstum bodennaher junger Triebe fördert. Dies macht aber nur Sinn, wenn Sie die Pflanzen von Jugend an auf diese Weise schneiden.

Lavendel: Sommerschnitt

Schneiden Sie bei Lavendel (*Lavandula*-Arten) nach der Blüte die abgeblühten Stängel aus. Kürzen Sie dabei auch die Triebspitzen bis zu 5 cm ein. Geben Sie gleichzeitig der Pflanze eine leicht halbkugelige Form, mit der sie über Herbst und Winter attraktiv bleibt. Der Schnitt sollte bis Ende Juli durchgeführt sein. Bei einem späteren Schnitt reifen die Neutriebe bis zum Winter nicht mehr aus und trocknen ein. Besitzen Sie eine spät blühende Sorte, schneiden Sie ab August

besser nur noch die Blüten aus. In kühlen Klimaten sollten Sie deshalb auf früh blühende Sorten zurückgreifen. Sie können mit einer Handschere, aber auch sehr gut mit einer kleinen Buchsheckenschere schneiden (→ Seite 23).

Lavendel: Frühjahrsschnitt

Lavendel und andere mediterrane Halbsträucher schneidet man beim Frühjahrsschnitt spät – wenn die ersten Knospen austreiben. Die Pflanze befindet sich dann bereits in der Wachstumsphase und treibt nach dem Schnitt unverzüglich wieder durch. Die Gefahr des Zurücktrocknens von geschnittenen Trieben wird dadurch minimiert. Schneiden Sie Lavendel ab dem zweiten Jahr nach der Pflanzung jährlich auf 10–15 cm zurück. Der verbleibende Trieb sollte noch beblättert sein. Wenn Sie dabei eine Halbkugel formen, bleibt Lavendel kompakt. Durch diesen massiven Schnitt regen Sie – nicht nur bei Lavendel – die Vitalität der Triebe und Knospen nahe am und im Boden an.

Vergreiste Halbsträucher

Haben Sie mediterrane Sträucher mehrere Jahre nicht geschnitten, sind sie meist vergreist. Es treiben kaum noch Jungtriebe aus der Basis. Ältere Triebe verkahlen, kippen zur Seite, und an ihren Enden entstehen Besen. Das Wachstum

---

Praxisinfo

EIN GUTER STANDORT MACHT WINTERHART

Die Winterhärte ist von verschiedenen Faktoren abhängig, die Sie positiv beeinflussen können:

- Wählen Sie bei Pflanzen aus mediterranen Klimaregionen nur robuste Sorten.
- Ein sehr wasserdurchlässiger, magerer Boden sowie eine zurückhaltende, stickstoffarme Düngung fördern die Winterhärte mediterraner Pflanzen. Ein Schutz vor Wintersonne bewahrt sie außerdem vor Austrocknung.

━ 1. Schritt   ━ 2. Schritt   ━ 3. Schritt

lässt nach, sie blühen nur noch wenig. Ohne Schnitt treiben die Pflanzen nach einem strengen Winter oft nicht mehr aus. Vergreiste Lavendel-, Heiligenkraut- oder Salbeipflanzen schneiden Sie beim Austrieb. Schneiden Sie aber nur im beblätterten Bereich und vermeiden Sie Schnitte im verholzten, blattlosen Teil. Entfernen Sie jeweils die Hälfte des »grünen« Besens. Im Laufe des Sommers kann es sein, dass sich am verkahlten Teil infolge des Saftstaus neue Triebe bilden. Auf diese können Sie die älteren Besen im Folgejahr umlenken (→ Seite 29). Dies bringt aber nur in seltenen Fällen eine jugendliche Pflanze zurück.

Weitere Südländer

Thymian (*Thymus*-Arten) schneiden Sie nur im Sommer direkt nach der Blüte. Denn selbst bei einem späten Frühjahrsschnitt trocknet er oft ein. Schneiden Sie nie im verholzten Bereich. Thymian liegt oft auf dem Boden auf und schlägt Wurzeln. So entstehen Polster. In dem Fall schneidet man Thymian besser mit einer Buchsheckenschere. Heiligenkraut (→ Seite 110) und Gewürzsalbei (→ Seite 109) schneiden Sie wie Lavendel: Formieren Sie im Sommer und schneiden kräftig im Frühjahr. Rosmarin (*Rosmarinus officinalis*) wird nur einmal nach der Blüte geschnitten. Er blüht, im Gegensatz zu den anderen hier beschriebenen Pflanzen, am einjährigen Trieb.

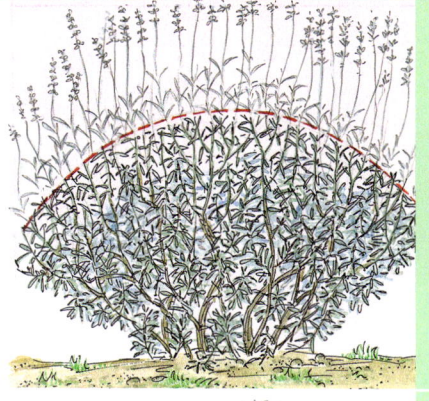

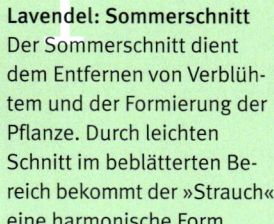

1 Lavendel: Sommerschnitt
Der Sommerschnitt dient dem Entfernen von Verblühtem und der Formierung der Pflanze. Durch leichten Schnitt im beblätterten Bereich bekommt der »Strauch« eine harmonische Form.

2 Lavendel: Frühjahrsschnitt
Wenn Sie erst spät zur Austriebszeit schneiden, erkennen Sie vitale Knospen sehr gut. Schneiden Sie nur im beblätterten Bereich. Dadurch fördern Sie einen kompakten Wuchs.

3 Vergreister Lavendel
Schneiden Sie nur im beblätterten Kopfbereich. Wenn Sie im verholzten Teil schneiden, trocknen die Triebe ein, der Neutrieb bleibt aus. Ohne Schnitt vergreist der Strauch.

4 Thymian
Thymian schneiden Sie im Sommer büschelweise ca. um die Hälfte bis zwei Drittel zurück. Wird bis Ende Juli geschnitten, reifen die neuen Triebe noch aus.

Sommerflieder: ein Magnet für Schmetterlinge

Der gemeine Flieder hat diesem attraktiven Strauch wegen der Ähnlichkeit der Blütenrispen den Namen gegeben. »Sommer« spielt auf seine späte Blütezeit an. Wegen seiner Anziehungskraft für Falter wird er auch Schmetterlingsflieder genannt.

Sommerflieder *(Buddleja davidii)* liebt Wärme, auch wenn er nicht aus dem Mittelmeerraum, sondern aus China stammt. Auf durchlässigen, warmen und trockenen Böden fühlt er sich wohl. Hier entfaltet er nicht nur seine Schönheit, sondern die Triebe verholzen auch besser. So wird das Holz frosthärter als auf schweren, kalten Standorten.
Wie alle frostempfindlichen Gehölze schneiden Sie Sommer-flieder erst im späten Frühjahr ab März. Alle Schmetterlings-flieder-Sorten blühen am diesjährigen Trieb: Das Triebwachstum, die Bildung der Blütenanlagen und die Blüte selbst spielen sich also im selben Sommer ab. Deshalb müssen Sie jährlich stark zurückschneiden (→ Seite 14). Rispensommerflieder (→ Seite 112) hat einen anderen Blührhythmus und wird deshalb anders geschnitten.

Erziehungsschnitt

Das Gerüst wird bei Sommer-flieder kurz gehalten. Bei älteren Trieben lässt die Frosthärte merklich nach. Regen Sie mit Ihrem Schnitt deshalb vor allem neue Bodentriebe an (→ Abb. 1). In den ersten drei Jah-

Erziehungsschnitt
Legen Sie bei jungem Sommer-flieder Wert auf die Bildung mehrerer Bodentriebe. Wenn Sie später ältere Triebe bodennah entfernen, ist die Garantie für die Bildung von Jungtrieben höher.

Erhaltungsschnitt
Nur nach einem strengen Schnitt ist Sommerflieder vital und blüht lange. Allerdings müssen Sie dafür in Kauf nehmen, dass der Sommerflieder nicht das ganze Jahr eine ansprechende Gestalt hat.

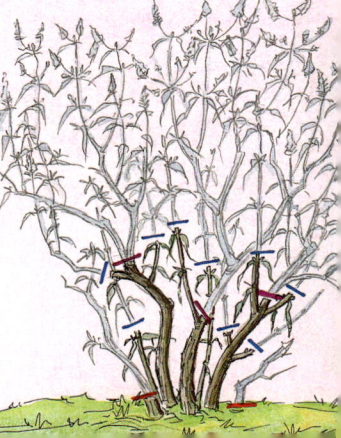

Verjüngungsschnitt
Lassen Sie beim Auslichten alter Triebe am Boden kleine Zapfen stehen. So verhindern Sie das Zurücktrocknen bis in die Wurzel und gewährleisten, dass sich eher Jungtriebe bilden.

ren belassen Sie drei bis fünf Bodentriebe als Gerüst. Sie sollten nach dem Schnitt nicht höher als 50–70 cm sein. Kürzen Sie nun die daran verbliebenen Seitentriebe aus dem letzten Jahr auf kurze Zapfen mit zwei bis vier Knospen ein. Einjährige Bodentriebe schneiden Sie auf 30 cm zurück.

Erhaltungs- und Verjüngungsschnitt

Schneiden Sie ältere *Buddleja* jährlich auf die Hälfte, mindestens aber auf 1 m zurück (→ Abb. 2). Sind junge Bodentriebe vorhanden, kürzen Sie diese auf 30 cm ein. Ältere Triebe entfernen Sie bodennah auf einen 10 cm langen Zapfen. Dieser trocknet später ein und

Praxisinfo

STARKER SCHNITT BRINGT BLÜTEN

Sommerflieder blüht am Ende diesjähriger Triebe. Die kräftigen Triebe bilden zuerst eine große Blüte aus. Anschließend entstehen Seitenverzeigungen, die eine zweite oder sogar dritte Blüte hervorbringen.

Bei schwachen Trieben entsteht dagegen nur eine einzige Blüte. Es bildet sich keine Zweitblüte mehr, da der Pflanze die zusätzliche Kraft dafür fehlt. Deshalb sollten Sie mit einem starken Schnitt unbedingt die Bildung kräftiger Triebe fördern.

kann im selben Sommer schadlos entfernt werden. Vorher entwickeln sich an seiner Basis aber noch neue Wunschtriebe. Schneiden Sie ohne Zapfen, kann die Schnittstelle in das alte Holz zurücktrocknen, und Neutriebe bleiben aus. Bei fachgerecht geschnittenem Sommerflieder bleibt im Frühjahr nur das Gerüst mit Stummeln einjähriger Triebe stehen. An überaltertem Sommerflieder entfernen Sie ältere Triebe, wie oben beschrieben, bodennah – egal, ob Jungtriebe vorhanden sind oder nicht (→ Abb. 3). Je vergreister der Strauch ist, umso größer ist allerdings die Gefahr, dass er keine Jungtriebe mehr bildet. Ein regelmäßiger Schnitt erspart dieses Risiko.

Verblühtes entfernen

Sind die großen Rispen der Haupttriebspitzen verblüht, bilden sich an den Seitentrieben weitere Blütenanlagen. Damit diese alle Kraft erhalten, schneiden Sie die verblühten

Rispen aus (→ Abb. 4). Sie setzen sonst Samen an und binden damit Energie. Bei sehr vitalem Sommerflieder lohnt es sich, Verblühtes bis in den Spätsommer zu entfernen.

Das ganze Jahr gut in Form

Sommerflieder, der nur auf optimale Blütenfülle geschnitten wird, sieht von Frühjahr bis Frühsommer nicht sonderlich attraktiv aus. Wünschen Sie, dass er auch in dieser Zeit eine ansprechende Gestalt bewahrt, schneiden Sie zurückhaltender. Sie nehmen dann aber eine kürzere Blütezeit in Kauf und verzichten auf maximale Blütenfülle. Werden Sie sich also darüber klar, was Sie von dem Strauch wollen.
Bei einigen Sorten hält sich das Laub der spätsommerlichen Seitentriebe bis ins Frühjahr. Wenn die Blätter dann noch einen silbrigen Ton besitzen, ist der Sommerflieder auch im Winter eine Bereicherung für den Garten.

Verblühtes entfernen
Es lohnt sich, die Samenstände des Schmetterlingsflieders zu entfernen. Nehmen Sie die verblühte Spitze bis zur ersten Seitenverzweigung weg. An ihr entstehen neue Blüten.

━━ 1. Schritt   ━━ 2. Schritt   ━━ 3. Schritt

Hibiskus: sommerliches Farbenspiel

Hibiskus ist ein wahrer Dauerblüher. Richtig geschnitten blüht er von Sommer bis Spätherbst. Hibiskus entwickelt sich zu einem bis zu 2 m hohen Strauch. Die vielen Sorten bieten ein breites Farbenspektrum und interessant gezeichnete Blüten.

Hibiskus *(Hibiscus syriacus)* gehört ebenfalls zu den Sommerblühern. Wie Sommerflieder liebt er warmen, durchlässigen Boden, den er mit seinen tiefen Wurzeln durchdringt. In schweren Böden kümmert er und bildet kaum Blüten.

Wuchsform und Blüte

Hibiskus bildet wie Sommerflieder seine Blüten an diesjährigen Trieben. Im Gegensatz zu diesem blüht er jedoch nicht an den Triebspitzen. Er bildet seine Blüten fortlaufend in den Blattachseln des wachsenden Triebs. Deshalb blüht Hibiskus nur so lange, wie er wächst. Schneiden Sie ihn deshalb jedes Frühjahr kräftig zurück. Ungeschnitten ist er zwar reizvoll, bildet aber nur kurze Neutriebe. Eine kurze Blüte ist die Folge. Oft wird das Gerüst bei Hibiskus nur aus einem Trieb und dessen bodennahen Seitenverzweigungen aufgebaut. Entstehen an der Strauchbasis Schäden oder vergreist er, ist dann immer gleich der ganze Strauch betroffen. Bauen Sie deshalb den Strauch besser aus mehreren Bodentrieben auf. Fällt dann ein Trieb aus, wirkt sich dies nicht auf die Vitalität der anderen Gerüsttriebe aus.

Erziehungsschnitt

Wählen Sie bei Hibiskus vier bis sieben gut verteilte Bodentriebe und eine höhere Mitte für das Gerüst aus. Überzählige Bodentriebe und bodennahe Triebe entfernen Sie. Kürzen Sie nun die Gerüsttriebe um die Hälfte, mindestens aber um ein Drittel des vorjährigen Zuwachses ein. Bei den äußeren Gerüsttrieben sollte die Endknospe nach außen weisen. So stellen Sie sicher, dass der folgende Austrieb ebenfalls nach außen wächst und der Strauch eine gefällige Form bekommt. Konkurrenztriebe zu den Gerüsttrieben entfernen Sie ganz. Seitentriebe der Gerüsttriebe kürzen Sie bei jungem Hibiskus auf 5 cm ein, um einen kräftigen Neuaustrieb auszulösen.

Erhaltungsschnitt

Wenn Sie die Gerüsttriebe jedes Jahr ein Stück höher einkürzen, kann Hibiskus bis zu 2 m – im Weinbauklima sogar bis 3 m – hoch werden. Lichten Sie immer erst zu dicht oder nach innen wachsende Triebe aus. Ist die gewünschte Endhöhe des Gerüsts erreicht, schneiden Sie dessen vorjährige Verlängerungen auf 10 cm kurze Zapfen zurück. Wachsen die Gerüsttriebe sehr steil, len-

---

Praxisinfo

SÄMLINGE VERHINDERN

In leichten Böden und warmem Klima säen sich leicht sehr viele Hibiskussämlinge aus. Diese werden, wenn Sie nicht eingreifen, im Garten lästig.

- Um Abhilfe zu schaffen, können Sie die Samenkapseln im Sommer fortlaufend entfernen – dies ist aber sehr mühsam.
- Besser ist es, im Herbst an jedem Trieb alle Samenkapseln mit der Hand von unten nach oben abzustreifen. Werfen Sie sie nicht auf den Kompost – dort keimen sie.

ken Sie diese auf tiefere und nach außen wachsende Seitentriebe um. Der Strauch wirkt dadurch lockerer. Seitentriebe des Gerüsts kürzen Sie auf maximal 10 cm Länge ein. So entwickelt sich der Strauch im folgenden Sommer kräftig und blüht bis in den Herbst.

Verjüngungsschnitt

Ältere, vergreisende Hibiskustriebe tragen leicht Winterschäden davon. Zeigt ein Haupttrieb trockene Stellen, geringen Neuzuwachs oder stirbt er sogar von oben her ab, entfernen Sie ihn bodennah auf einen 5 cm langen Zapfen, den Sie später beseitigen (→ Seite 44, Sommerflieder). Wählen Sie einen jungen Bodentrieb als Ersatz und erziehen Sie ihn zu einem Gerüsttrieb. Sind keine Jungtriebe vorhanden, warten Sie den Neuaustrieb unterhalb der Schnittstelle im nächsten Sommer ab und entscheiden dann.

Hochstämmchen schneiden

Schneiden Sie bei Hochstämmchen junge Stammtriebe oder Bodentriebe schon im Sommer ab. Der Hauptschnitt erfolgt, wie oben, im späten Frühjahr. Belassen Sie eine Mitte und vier bis fünf seitliche Gerüsttriebe. Diese sollten nicht länger als 30–40 cm werden. Die seitlichen Triebe kürzen Sie jährlich auf etwa 5 cm ein. So wird die Krone kompakt. Hochstämmchen im Kübel brauchen im Winter einen geschützten Standort.

1

Erziehungsschnitt
Wählen Sie zuerst die Gerüsttriebe aus und kürzen Sie deren Fortsetzungen ein. Dann lichten Sie überzählige Triebe ganz aus, die übrigen Seitentriebe schneiden Sie auf kleine Zapfen zurück.

2

Erhaltungsschnitt
Entfernen Sie zu dicht oder nach innen wachsende Triebe. Abgeblühte, einjährige Triebe kürzen Sie auf kleine Zapfen ein. Aus ihren Knospen entstehen im Sommer die Blütentriebe.

3

Verjüngungsschnitt
Vergreisen einzelne Gerüsttriebe, lichten Sie diese am Boden aus, belassen aber einen kleinen Zapfen. Die verbleibenden Gerüsttriebe lenken Sie auf tiefer gelegene, vitale Seitentriebe um.

— 1. Schritt   — 2. Schritt   — 3. Schritt

47

Eine vielfältige Gruppe: die Frühjahrsblüher

Forsythie, Mandelbäumchen und Co. sind der Inbegriff des Frühlings. Das Gartenjahr erwacht, wenn sie ihre Blüten entfalten. Etliche glänzen im Herbst zusätzlich mit farbigem Laub und bunten Früchten.

Die Frühjahrsblüher (→ ab Seite 50) bilden die größte Gruppe der Ziersträucher. Anders als die Sommerblüher (→ Seiten 44–47) schneidet man sie erst nach der Blüte. Im Winter sind sie mit typischen Strukturen oder farbiger Rinde, im Sommer durch die Vielfalt ihrer Blattformen präsent, im Herbst erfreuen sie uns mit ihrem bunten Laub.

Flieder wächst und blüht zugleich. Er wird deshalb anders geschnitten als andere Frühjahrsblüher.

Auch Formen und Farben sind wichtig

Die meisten Frühjahrsblüher schneidet man, um eine reiche Blüte anzuregen. Die Frage nach der ansprechenden Gestalt steht hier im Hintergrund, wird in den Schnitt jedoch mit einbezogen. Es gibt aber auch Ausnahmen:
■ Bei einigen Frühjahrsblühern, wie Japanischem Fächerahorn (→ Seite 102) oder Lebkuchenbaum (→ Seite 112), sind die Blüten unscheinbar. Hier dominiert die Funktion als Strukturgehölz. Es trägt mit seinem harmonischen, charaktervollen Aufbau zur Schönheit des Gartens bei. Deshalb schneiden Sie ein solches Gehölz so, dass es seine typische Form entwickeln kann.
■ Bei immergrünen Gehölzen und Nadelgehölzen, die meist unscheinbar und ebenfalls im Frühjahr blühen, spielt die Blüte eine noch geringere Rolle. Dies gilt jedoch nicht für Rhododendren. Unter optimalen Bedingungen bestechen sie mit maximaler Blütenfülle, doch ihr schönes Laub ist ebenso wichtig.

Das wird klar, sobald Rhododendren verkahlen oder keine Blüten mehr bilden. Spätestens dann müssen Sie sich Gedanken über einen korrigierenden Schnitt machen (→ Seite 65).
■ Verschiedene Ziergehölze beeindrucken neben der Blüte auch mit einer interessanten Herbstfärbung. Andere wiederum erfreuen durch eine außergewöhnliche Rindenfarbe oder -struktur. Diese hält sich bei Gehölzen wie Mahagoni-Kirsche oder Korkspindelstrauch (→ Seite 113, 115) bis ins Alter.
■ Andere dagegen verlieren die Farbe, sobald die Triebe älter werden. Das ist bei verschiedenen Weidenarten und bei rot- oder gelbrindigen Hartriegeln der Fall. Schnittziel ist hier, die attraktive Rindenfarbe zu erhalten (→ Seite 70/71).

Der richtige Schnittzeitpunkt

Viele Frühjahrsblüher bringen im Frühjahr zuerst Blüten hervor und treiben erst danach Blätter. Dies ist möglich, weil sie ihre Blütenknospen schon im Vorjahr angelegt haben. Um diese Knospen nicht zu entfernen, schneidet man solche Sträucher erst nach der Blüte. Gehölze, die erst im späten Frühjahr blühen, wie Pfeifenstrauch (→ Seite 108), entwickeln zuerst kurze Seitentriebe, an deren Enden die Blüten stehen. Solche Sträucher schneidet man erst im Juni. Das gilt gleichermaßen für großblumige *Clematis*-Hybriden (→ Seite 86/87).

Ranunkelsträucher bilden kein Gerüst aus. Durch die schweren Blüten hängen die Ruten mit leichtem Schwung über.

An welchen Trieben entstehen die Blüten?

Bei Frühjahrsblühern ist es für den Schnitt wichtig, an welchen Trieben sie die Blütenknospen bilden (→ Seite 14).

■ Frühjahrsblüher mit kurzlebigen Trieben wie Spiräe und Mandelbäumchen bilden ihre Blüten sehr oft an einjährigen Langtrieben aus. Ohne Schnitt entwickeln sie nur noch kurze Triebe, das alternde Gerüst verkahlt. Der Schnitt sorgt hier dafür, dass alte Triebe entfernt werden und viele Langtriebe mit Blütenknospen wachsen.

■ Frühjahrsblüher wie die Forsythie blühen an einjährigen Langtrieben sowie an deren Seitenverzweigungen. Ab dem dritten Jahr vergreisen sie und blühen kaum noch. Auch hier führt der Schnitt zur Bildung junger, vitaler Triebe.

■ Frühjahrsblüher wie Zaubernuss und Felsenbirne vergreisen nur langsam und blühen auch am alten Holz. Solche Sträucher schneidet man nur selten.

Sie brauchen einen starken Schnitt

Schösslingssträucher (→ Seite 16) wie der Ranunkelstrauch, die kein Gerüst bilden, brauchen regelmäßig einen starken Schnitt, um reich zu blühen. Dies gilt auch für das Mandelbäumchen. Es bildet zwar ein Gerüst, blüht aber am schönsten an den einjährigen Langtrieben und wird deshalb Jahr für Jahr stark geschnitten.

Beispiel Ranunkelstrauch

Der Ranunkelstrauch *(Kerria japonica)* ist ein schnelllebiger Strauch. Er treibt unermüdlich neue Bodentriebe. In einem Jahr kann ein neuer Trieb bis zu 3 m lang werden, er bleibt aber instabil. Im zweiten Jahr verzweigt er sich mit vielen Seitentrieben, ohne an Stabilität zu gewinnen. An den Seitentrieben sitzen die Blütenknospen, die dann im Frühjahr des dritten Jahres blühen. Unter der Last der Blüten, vor allem wenn sie gefüllt sind, hängen die

Triebe über. Ein Teil der Triebe stirbt bereits nach der Blüte ab. Die verbliebenen vitalen Triebe bleiben dünn und instabil. Hier macht es wenig Sinn, ein Gerüst aufzubauen. Entfernen Sie alle Triebe, die älter als drei Jahre sind, jährlich an der Basis. Dann bildet der Strauch viele neue Triebe aus dem Boden und vergreist nicht.

Beispiel Mandelbäumchen

Das Mandelbäumchen *(Prunus triloba* 'Plena') ist in der Entwicklung des Gerüsts eine Stufe weiter als die Kerrie. Es blüht im Frühjahr nur an einjährigen Langtrieben, der Schnitt erfolgt deshalb ebenfalls jährlich nach der Blüte. Schneidet man Mandelbäumchen nicht, vergreisen die einzelnen Triebe spätestens nach drei Jahren. Erziehen Sie aus vier bis fünf gut verteilten Trieben ein Gerüst. Lassen Sie in der Erziehungsphase in den ersten vier bis fünf Jahren jedes Jahr 10 cm des Neuzuwachses als Haupttriebverlängerung stehen. So erhält das Mandelbäumchen ein Gerüst von etwa 50 cm Höhe. Die einjährigen Triebe kürzen Sie auf drei bis fünf Knospen ein. Von der Spitzendürre *(Monilia-*Pilzkrankheit) befallene Triebe schneiden Sie bis zur ersten vitalen Verzweigung, mindestens aber 10 cm zurück. Mandelbäumchen werden auf einen robusten Wurzelstock veredelt. Deshalb entstehen nie sortenechte Bodentriebe, sondern Wildtriebe, die man entfernt (→ Seite 15).

Spiräen: elegante Blütenrispen

Spiräen oder Spiersträucher sind aus dem Frühjahrsgarten nicht wegzudenken. Wochenlang zeigen sie ihre Blütenrispen oder -köpfchen, die den Strauch wie duftige, weiße Wölkchen zieren. Richtig geschnitten sind sie völlig unkompliziert.

Spiräen (*Spiraea*-Arten) sind in ihren Ansprüchen an Boden und Klima genügsame Ziersträucher. Zuverlässig blühen werden sie aber nur an einem sonnigen Standort. Es gibt zahlreiche Arten von 0,5–3 m Höhe. Sie blühen im Frühjahr, Frühsommer oder Sommer (→ Praxisinfo) und werden nach der Blüte geschnitten. Allen Arten gemeinsam ist, dass sie nur ein schwaches Gerüst aufbauen. Im Frühjahr blühende Spiräen tragen ihre Blüten an einjährigen Langtrieben. Sie legen ihre Blütenknospen bereits im Sommer des Vorjahres an. Ihre einjährigen Kurztriebe besitzen dagegen kaum Blütenknospen. Spätestens nach vier Jahren vergreisen die einzelnen Bodentriebe und sollten dann ersetzt werden. Manche Arten wie der **Pflaumenblättrige Spierstrauch** (*Spiraea prunifolia*) können in strengen Wintern bis zum Boden zurückfrieren. Sie treiben aber im folgenden Frühjahr wieder aus und regenerieren sich schnell.

Frühjahrsblühende Spiräen

Der einzelne Bodentrieb der Spiräe vergreist schon nach drei Jahren. Junge Triebe besitzen eine hellbraune Rinde, ältere erkennt man an ihrem dunkelbraunen, matten Ton. Entfernen Sie jährlich nach der Blüte jeweils etwa ein Viertel der über drei Jahre alten Triebe am Boden und ersetzen Sie sie durch Jungtriebe. Kürzen Sie verblühte einjährige Langtriebe nicht ein. So fördern Sie über den ganzen Trieb verteilt die Verzweigung. An ihnen blühen die Sträucher im nächsten Jahr. Verschlanken Sie nun an den zweijährigen Bodentrieben die Triebspitzen, um eine lockere Form zu erzielen. An dreijährigen oder noch älteren Trieben bilden sich an den Triebenden vermehrt vergreisende Besen (→ Seite 16), die unansehnlich nach unten hängen. Lenken Sie solche Besen auf tiefer im Strauchinneren befindliche, nach außen weisende Jungtriebe um. Eine regelmäßig geschnittene Spiräe besitzt nach dem Schnitt nur noch ein- bis dreijährige Basistriebe. Alle älteren wurden entfernt.

Schnitt ein Jahr später

An den Schnittstellen am Boden sind neue, nun einjährige Triebe entstanden. Schwache oder sehr dicht stehende entfernen Sie nach der Blüte, alle übrigen belassen Sie. Die im letzten Jahr noch unverzweigten Langtriebe sind jetzt zweijährig und tragen einjährige,

Praxisinfo

SOMMERBLÜHENDE SPIRÄEN

Einige bekannte Spiräenarten blühen erst ab Sommer. Sie bilden ihre Hauptblüten am diesjährigen Trieb aus. Mit einem zeitigen, starken Frühjahrsschnitt erreichen Sie eine große Blütenfülle bis in den Herbst.

Um diese reiche Blüte zu erzielen, müssten Sie fast alle Triebe bodeneben abschneiden. Trotzdem sollten Sie bei diesen Sorten einige Alibitriebe belassen, um einen Grundstock an Volumen zu erhalten, und das Gesamtbild des Strauches wirkt harmonischer (→ Seite 110).

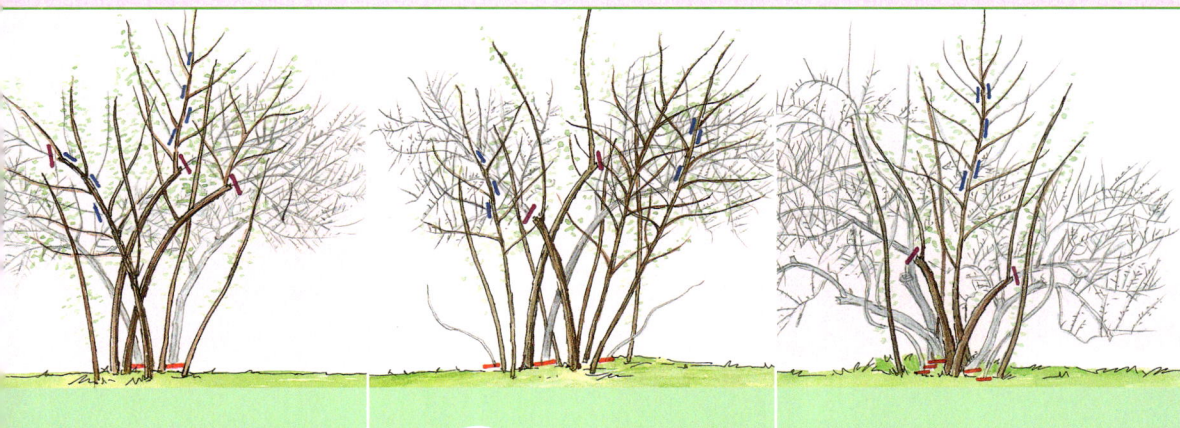

Frühjahrsblühende Spiräen
Entfernen Sie zuerst ein Viertel der älteren Triebe bodeneben. Sie werden durch Jungtriebe ersetzt. Dann lenken Sie alle überhängenden Besen auf Jungtriebe um und verschlanken die verbleibenden Triebe.

Schnitt ein Jahr später
Aus dem Boden haben sich neue Triebe als Resultat des letztjährigen Schnitts gebildet. Entfernen Sie wiederum alle älteren Triebe vollständig. Die weiteren Schnittmaßnahmen gleichen denen des Vorjahres.

Verjüngungsschnitt
Ist ein Spiräenstrauch überaltert, gilt es, das Dickicht zu entwirren und das Triebwachstum aus der Basis zu aktivieren. Blüht der Strauch kaum noch, ist ausnahmsweise ein Schnitt vor der Blüte angebracht.

abgeblühte Seitenzweige. Diese Triebe verschlanken Sie. Der weitere Schnitt entspricht dem des vorhergehenden Jahres. Achten Sie zudem auf Triebe, die nur wenig geblüht haben. Sie sind entweder zu alt oder im unteren Triebbereich geschädigt. Solche Triebe entfernen Sie.

Verjüngungsschnitt

Über mehrere Jahre nicht geschnittene Spiräen entwickeln ein Dickicht aus Trieben und Besen. Meist ist es dann nötig, die Hälfte bis drei Viertel der Triebe ganz zu entfernen. Lichten Sie zuerst alle toten oder vollständig vergreisten Triebe bodeneben aus – ohne sie vorerst aus dem Strauch zu ziehen. Erst wenn Sie alle über-

zähligen Triebe abgeschnitten haben, ziehen Sie sie vorsichtig heraus. Da die Triebe stark ineinander verhakt sind, dürfen Sie nicht reißen, sondern sollten sie leicht rüttelnd herausziehen. So können sich Verhakungen gut lösen, ohne Verletzungen zu verursachen. Zum Schluss lenken Sie überhängende Besen auf weiter innen wachsende Jungtriebe um und verschlanken deren Triebenden. Bei sehr stark vergreisten Spiräen ist kein Durchkommen mehr möglich. Sie können dann nur alle Triebe bodeneben abschneiden, den Strauch also »auf den Stock setzen«. Da solche Sträucher sowieso kaum noch blühen, können Sie diesen stark vitalisierenden Schnitt ausnahmsweise vor der Blüte durchführen. Im folgenden

Jahr entstehen viele neue Bodentriebe. Entfernen Sie alle bis auf etwa 12–15 kräftige Exemplare und schneiden Sie den Strauch wieder regemäßig.

Beim Schnitt differenzieren

Einige sehr starkwüchsige Spiräenarten können auch Gerüsttriebe entwickeln, die vier bis sechs Jahre vital bleiben. Es ist aber trotzdem sinnvoller, Gerüsttriebe regelmäßig ganz zu entfernen, statt sie umzulenken oder zu verschlanken. Je älter der einzelne Gerüsttrieb wird, umso höher wird der Strauch. Beachten Sie, dass sich in manchen Katalogen die angegebenen Endgrößen auf Sträucher beziehen, die über mehrere Jahre nicht geschnitten wurden.

— 1. Schritt — 2. Schritt — 3. Schritt

Forsythien: Frühjahrs-boten in Gelb

Forsythien gehören zu den beliebtesten Frühjahrs-sträuchern. Sie blühen je nach Sorte in verschiede-nen Gelbtönen. Wenn sie jährlich nach der Blüte richtig geschnitten werden, sind Forsythien sehr zuverlässige Blüher.

Forsythien oder Goldglöck-chen *(Forsythia* x *intermedia)* stellen keine besonderen An-sprüche an den Standort. Sie brauchen nur einen sonnigen Platz, um willig zu blühen. Es gibt zahlreiche Sorten mit

Endhöhen von 1–3 m. Die Blü-ten der Sorte 'Beatrix Farrand' werden im Gegensatz zu ande-ren Sorten sehr gerne von Insekten besucht. Forsythien sind mal locker geschnitten, mal als Hochstamm erzogen

oder zu einem Formgehölz gestutzt. Werden sie dagegen nur außen eingekürzt, werden sie zu dicht. Oft besitzen sie kaum noch Blütenholz, weil die Triebe schon im Herbst oder Winter eingekürzt wur-den, obwohl man sie erst nach der Blüte schneiden darf.

Die Blüte fördern

Forsythien blühen am schöns-ten an den einjährigen Seiten-trieben zweijähriger Langtrie-be. Nur in warmen Regionen blühen sie auch zuverlässig an einjährigen Langtrieben. Kür-zen Sie diese nie ein. Lichten Sie zuerst einige Triebe, die älter als drei bis vier Jahre sind, am Boden aus. Diese vergrei-sen immer mehr und blühen

Die Blüte fördern
Als erstes lichtet man bei Forsy-thien alte Triebe ganz aus. Dann lenken Sie starke Verzweigungen auf einen einjährigen Trieb um. Zum Schluss verschlanken Sie die Triebspitzen.

Schnitt ein Jahr später
Drei kräftige, aus den bodenebe-nen Schnittstellen wachsende Jungtriebe belässt man, den Rest entfernt man zugunsten eines har-monischen Strauches. Der weitere Schnitt gleicht dem des Vorjahrs.

Verjüngungsschnitt
Lichten Sie überalterte Triebe bei einer Verjüngung radikal aus – selbst wenn anschließend kaum Triebe stehen bleiben. Weniger vergreiste Triebe lenken Sie auf tiefer stehende Jungtriebe um.

dann kaum noch. Dann lenken Sie verzweigte Besen auf einjährige Triebe um. Zum Schluss verschlanken Sie zweijährige Triebe im oberen Bereich. Der Strauch bleibt dadurch locker.

Schnitt ein Jahr später

Da Sie ältere Triebe am Boden entfernt haben, sind an den Schnittstellen junge Triebe entstanden. Diese neuen Bodentriebe kommen direkt aus der Wurzel, weshalb sie als »echte« Verjüngung des Strauches zu betrachten sind. Belassen Sie nur drei kräftige Jungtriebe. Diese sollten harmonisch verteilt sein und alle gleichmäßig Licht bekommen, sich aber auch gut in die Gesamtform des Strauches einfügen. Schwache,

ÄHNLICH ZU SCHNEIDENDE ZIERGEHÖLZE	
Schneeforsythie (*Abeliophyllum distichum*)	weiß blühend, Wärme liebend
Erbsenstrauch (*Caragana arborescens*)	gelbe Schmetterlingsblüten, walzenförmige Fruchthülsen
Winterblüte (*Chimonanthus praecox*)	teils schon ab Dezember mit hellgelb-purpurnen Blüten
Tatarischer Hartriegel (*Cornus alba*)	weiße Blüten, als Blüten- oder Strukturgehölz (→ Seite 70/71, Rindenfarbe)

überlange oder zu dicht stehende Jungtriebe entfernen Sie. Auch in diesem Jahr schneiden Sie einige Triebe, die älter als drei bis vier Jahre sind, heraus und lenken Besen auf einjährige Seitentriebe um. Der einzelne Seitentrieb muss in dieselbe Wuchsrichtung nach außen zeigen wie der verbliebene Haupttrieb. Die belassenen Triebe sollten gleich verteilt sein, damit der Strauch im Kern füllig, außen jedoch locker wirkt.

Verjüngungsschnitt

Überaltet eine Forsythie, muss der Schnitt sehr viel massiver ausfallen. Entfernen Sie zuerst abgestorbene sowie vergreiste Triebe direkt am Boden. Dazu müssen Sie meist eine Schwertsäge zu Hilfe nehmen, denn Forsythientriebe können sehr dick sein. Wie viel des Strauches Sie wegnehmen, ist eher zweitrangig – Sie sollten aber lieber mehr Triebe entfernen als zu wenig. Teils vergreiste und mit Besen besetzte Triebe, die aber im Innern noch Jung-

triebe zeigen, lenken Sie auf diese Jungtriebe um. Zum Schluss verschlanken Sie die Triebenden der verbliebenen Triebe. Schneiden Sie so, dass die Pflanze eine hochovale Form erhält.

Sehr alte und dichte Sträucher, die gar keine Jungtriebe mehr haben, schneiden Sie auf den Stock und bauen sie in den folgenden drei Jahren neu auf.

Diesjährige Langtriebe kürzen

Forsythien entwickeln manchmal sehr lange und instabile Triebe. Kürzen Sie diese mit einem Sommerschnitt bis Ende Juli auf mindestens die Hälfte ein. Sie bilden noch im selben Sommer Seitentriebe. Diese fallen jedoch deutlich kürzer aus als der entfernte Teil. Kürzen Sie nicht an der Strauchperipherie ein, sondern im Gehölzinnern. So stehen die zusätzlich gebildeten Sommertriebe in einem gesunden Längenverhältnis zum Gesamtstrauch.

Diesjährige Langtriebe kürzen
Überlange diesjährige Schosse kürzen Sie im Sommer, spätestens bis Ende Juli ein. Schneiden Sie im Strauchinnern, so fügt sich der folgende Zuwachs harmonisch in das Gesamtbild ein.

1. Schritt — 2. Schritt — 3. Schritt

Felsenbirne: ganzjährig in Topform

Die anspruchslose Felsenbirne besitzt einen malerischen Wuchs und weiße luftige Blütentrauben. Ab Juli liefert sie leckere Früchte, und im Herbst färben sich ihre Blätter attraktiv orange. So ist die Felsenbirne rund ums Jahr ein Hingucker im Garten.

Die Felsenbirne (*Amelanchier*-Arten) fällt, im Unterschied zu anderen Gehölzen, durch ihr harmonisches Verhältnis zwischen Blütenreichtum und Gestalt auf. Je nach Schnittmethode kann sie völlig unterschiedlich aussehen. So können Sie zum Beispiel die **Kupfer-Felsenbirne** (*A. lamarckii*) sowohl als kleinen Strauch auf 3 m Höhe halten oder mit mehreren stabilen Gerüsttrieben bis zu 6 m hoch wachsen lassen. Oder Sie platzieren die Felsenbirne als kleinkronigen Baum mit Stamm in Ihrem Vorgarten. Dessen Krone erreicht maximal einen Durchmesser von 4 m.

Als Blütenstrauch schneiden

Das Blütenholz der Felsenbirne bleibt länger vital als das der Spiräe oder Forsythie. Sie blüht am schönsten an zwei bis vier Jahre alten Trieben und bringt ihre Blütenknospen wie die anderen Frühjahrsblüher auch aus dem Vorjahr mit. Schneiden Sie Felsenbirnen deshalb immer nach der Blüte. Um sie klein zu halten (→ Abb. 1), lichten Sie jedes Jahr ein Fünftel der ältesten Bodentriebe aus und ersetzen sie durch den gleichen Anteil an Jungtrieben. Überzählige Jungtriebe entfernen Sie direkt am Boden. Im Idealfall besitzt der Strauch etwa zehn bis zwölf unterschiedlich alte Bodentriebe. Lenken Sie an den verbleibenden Trieben starke Verzweigungen auf einen Jungtrieb um und verschlanken die Triebspitzen. Schneiden Sie insgesamt zurückhaltender als bei Forsythien oder Spiräen. Kürzen Sie auch bei Felsenbirnen die einjährigen Langtriebe nie ein.

Verjüngungsschnitt

Wurden über längere Zeit keine Haupttriebe bodeneben ausgetauscht, verdicken sie sich und entwickeln im oberen Bereich Besen (→ Abb. 2). In den folgenden Jahren verkahlt das Strauchinnere. Es entstehen kaum noch Jungtriebe, das Blütenholz lässt in seiner Vitalität nach. Lichten Sie bei solchen Sträuchern bis zu drei Viertel der älteren Triebe am Boden aus, um wieder einen Neuaustrieb aus der Wurzel anzuregen. Anschließend lenken Sie die Besen im äußeren Strauchbereich um und verschlanken die Triebe. In den folgenden Jahren gehen Sie dann zu einem regelmäßigen Schnitt mit Auslichten, Umlenken und Verschlanken über.

Praxisinfo

LECKERE FRÜCHTE

- Die dunkelblauen, erbsengroßen Früchte der Felsenbirne reifen im Juli/August. Sie sind nicht nur essbar, sondern auch sehr schmackhaft. Ihr Geschmack gleicht etwas dem von Heidelbeeren. Sie lassen sich gut zu Marmelade, Mus oder Likör verarbeiten.

- Die getrockneten Früchte der Kupfer-Felsenbirne wurden früher auch als Korinthenersatz verwendet, daher auch der Name »Korinthenstrauch«. Vögel lieben die Früchte allerdings ebenfalls, ernten Sie deshalb rechtzeitig!

Schnittfehler korrigieren

Damit Felsenbirnen nicht zu hoch werden, kürzt man oft die einjährigen Triebe ein. Als Folge wachsen sie von Jahr zu Jahr stärker und werden immer länger. Außerdem verlieren sie ihren harmonischen oder natürlichen Aufbau. Besser ist es deshalb, solche Sträucher auszulichten.

Entfernen Sie bei Felsenbirnen zunächst einige dicke Triebe bodeneben. Damit regen Sie die Bildung neuer Bodentriebe an und sorgen dafür, dass wieder Licht ins Strauchinnere dringen kann. Lichten Sie anschließend die Köpfe aus und lenken Sie sie dabei auf einen Seitentrieb um. Er sollte in die Wuchsrichtung des Haupttriebs zeigen und lässt diesen locker auslaufen.

Felsenbirnen als Strukturgehölz

Sollen Felsenbirnen zu einem Strukturgehölz mit kräftigem Gerüst erzogen werden, schneiden Sie sie viel zurückhaltender als einen Blütenstrauch. Lassen Sie nur drei bis sieben Bodentriebe stehen. Diese können 10 bis 15 Jahre vital bleiben. Entfernen Sie dann jährlich vollständig alle neuen Bodentriebe. Steil oder nach innen wachsende Triebe im Strauch lichten Sie ebenfalls aus. Erhalten Sie die Wüchsigkeit der unteren Seitentriebe, indem Sie die im oberen Bereich neu entstehenden Köpfe auslichten.

1

Als Blütenstrauch schneiden
Lassen Sie bei Felsenbirnen etwa zehn Haupttriebe im Alter von ein bis fünf Jahren stehen. Ersetzen Sie jeden entfernten älteren Trieb durch einen Jungtrieb.

2

Verjüngungsschnitt
Lichten Sie zuerst einige Triebe am Boden aus. So regen Sie die Pflanze dazu an, neue wurzelbürtige Triebe zu bilden. Zugleich erhält das Strauchinnere mehr Licht.

3

Schnittfehler korrigieren
Einkürzen ist die falsche Methode, um Felsenbirnen klein zu halten. Lichten Sie den Strauch besser aus und lenken die Köpfe auf einzelne Seitentriebe um. So wird die Form harmonisch.

━ 1. Schritt   ━ 2. Schritt   ━ 3. Schritt

Flieder: Blüten mit betörendem Duft

Der köstlich duftende Flieder ist ein Symbol für den Monat Mai. Er steht wie kein anderer Zierstrauch für den Frühling in seiner Vollendung. Zur Blütezeit präsentiert er sich in Weiß, Zartlila oder in kräftigem Violett.

Der Gemeine Flieder

(*Syringa vulgaris*) fühlt sich in warmen Böden am wohlsten. Weil er ein dichtes Wurzelgeflecht bildet, darf er nur mit konkurrenzfähigen Stauden und Sträuchern unterpflanzt werden.

Flieder bildet ein sehr stabiles Gerüst. Er kann als Baum erzogen werden und wird dann bis zu 6 m hoch. Da er gegenständige Knospen besitzt (→ Seite 30/31), treibt er oft in Gabeln aus. Für ein harmonisches Gerüst entfernen Sie den nach innen oder steil nach oben weisenden Trieb einer Gabelung.

Vitales Blütenholz

Das Blütenholz bei Flieder ist sehr langlebig. Trotzdem sollten Sie ihn alle paar Jahre zu neuem Wachstum anregen. Die Blüten erscheinen an der Spitze einjähriger Triebe. Starke Triebe sind oft mit bis zu vier Blütenknospen besetzt. Schwache einjährige Triebe weisen dagegen nur noch eine einzige, kleine Blüte auf.

Flieder bildet eine Ausnahme innerhalb der Frühjahrsblüher: Er blüht und wächst zugleich. Blüte und Triebwachstum, einschließlich der Bildung der Blütenknospen für das kom-

Erziehungsschnitt
Das Blütenholz des Flieders ist langlebig. Schneiden Sie diesen Strauch deswegen nur alle paar Jahre. Überzählige diesjährige Jungtriebe reißen Sie jährlich noch im selben Sommer aus, solange sie noch grün sind.

mende Jahr, sind meist gleichzeitig beendet. Deshalb ist für eine reiche Blüte gleichgültig, ob Sie Flieder vor oder nach der Blüte schneiden. Schneiden Sie vor der Blüte, verzichten Sie auf Blüten im selben Frühjahr, beim Schnitt nach der Blüte gehen Blütenknospen für das kommende Jahr verloren.

Erziehungsschnitt

Flieder bildet meist viele Bodentriebe. Reißen Sie die überzähligen im Sommer ihrer Entstehung in noch grünem Zustand aus. Wenn Sie diese Bodentriebe stattdessen einkürzen, regen Sie ihr Wachstum nur unnötig an. Lichten Sie im Frühling bei der Straucherziehung vergreis-

Praxisinfo

SO HALTEN FLIEDERSTRÄUSSE LANG

Die Blüten des Flieders zieren nicht nur den Garten, sondern sind auch als üppige Sträuße im Haus beliebt.

- Damit sich die Sträuße lange in der Vase halten, sollten Sie alle Blätter entfernen, um die Verdunstung zu vermindern.
- Schneiden Sie jeden Stängel beidseitig lang und schräg an. Dann halten Sie sie einige Sekunden in fast kochendes Wasser. So öffnen sich die Poren und können das Wasser besser aufnehmen.

Verjüngungsschnitt
Entfernen Sie bei unveredeltem Flieder alte und vergreiste Triebe am Boden, bei veredeltem kurz über der Veredelungsstelle. Vergreiste Besen und Triebe mit langen Kahlstellen lenken Sie auf weiter innen stehende Triebe um.

Schnitt ein Jahr später
Lichten Sie die im folgenden Jahr entstandenen Jungtriebe an den Schnittstellen aus. Lassen Sie nur diejenigen stehen, die sich gut in den Aufbau des Strauches einfügen. Bei Bedarf setzen Sie die Verjüngung fort.

Verblühtes ausschneiden
Ist Flieder verblüht, wirken die Rispen unschön. Zudem setzen sie Samen an und rauben der Pflanze unnötig Kraft. Schneiden Sie deshalb verblühte Rispen umgehend bis zum ersten Seitentrieb zurück.

te oder verkahlte Gerüsttriebe bodennah aus. Wählen Sie einen jungen Bodentrieb als Ersatz aus. Schneiden Sie bei veredelten Fliedern stets oberhalb der Veredelungsstelle. Entfernen Sie nach der Blüte die abgeblühten Blütenstände am ersten Seitentrieb. So geht keine Kraft durch Samenbildung verloren.

Verjüngungsschnitt

Wenn Flieder vergreist und kaum noch blüht, sollten Sie ihn verjüngen. Um das Wachstum stark anzuregen, schneiden Sie im Frühjahr vor der Blüte. Entfernen Sie dabei mindestens ein Drittel der vergreisten Bodentriebe. Bei veredeltem Flieder muss die Schnittstelle nahe, aber stets oberhalb der Veredelungsstelle liegen. An den verbliebenen Trieben lenken Sie kahle Triebe oder vergreiste Besen auf tiefer stehende Jungtriebe um, die sich harmonisch in den Strauch einfügen.

Im folgenden Jahr entstehen an den Schnittstellen im gesamten Strauch teils kräftige Jungtriebe. Wählen Sie schräg nach außen wachsende aus, die als Ersatz für die im letzten Jahr entfernten Triebe verbleiben. Alle überzähligen entfernen Sie. Wenn nötig, setzen Sie die Verjüngung im zweiten Jahr fort. Eine ausgewogene Verjüngung kann sich so über drei Jahre erstrecken.

Weitere Fliederarten

Die folgenden drei Arten sind gute Alternativen für kleine Gärten:
Bogenflieder (*S. reflexa*) und **Perlenflieder** (*S. x swegiflexa*) sind kleinwüchsige Arten. Sie blühen ebenfalls am einjährigen Holz, aber später als der Gemeine Flieder. Weil sie schwächer wachsen, werden sie eher wie Felsenbirnen alle paar Jahre locker geschnitten.
Der stark duftende **Kleinblättrige Herbstflieder** (*S. microphylla* 'Superba') blüht erst im Frühsommer an einjährigem Holz und verwöhnt im Sommer mit einem zweiten Flor an diesjährigen Trieben. Schneiden Sie aus Rücksicht auf die Erstblüte zurückhaltend.

— 1. Schritt   — 2. Schritt   — 3. Schritt

Zierapfel: ländlicher Charme

Zierapfelsorten blühen nicht nur überreich in Weiß, Zartrosa oder Rot. Sie tragen im Herbst auch attraktive Früchte mit gelb, orange oder rot gefärbten Äpfelchen, die sich gut für Herbstdekorationen eignen.

Zierapfel (*Malus*-Arten) liebt einen sonnigen Standort mit nährstoffreichen, luftigen und gleichmäßig feuchten Böden. Wählen Sie Sorten, die gegenüber Schorf-Pilzen robust sind. Als Hochstämmchen werden Zieräpfel wie Bäume gepflegt und geschnitten (→ Seite 38).

Blüte und Form

Der Zierapfel ist ein typischer Frühlingsblüher (→ Seite 14). Schneiden Sie ihn also immer nach der Blüte. Die schönsten Blüten entwickeln sich aus zwei- bis vierjährigen Trieben. Da das Blütenholz aber noch länger vital bleiben kann, schneiden Sie Zieräpfel zugunsten einer harmonischen Form eher zurückhaltend.
Sie können Zieräpfel wie Felsenbirnen erziehen – also zu einem luftigen Strauch mit regelmäßig erneuerten Bodentrieben. Tauschen Sie dazu die Haupttriebe alle paar Jahre bodennah, aber oberhalb der Veredelungsstelle, aus. Ihren wahren Charakter entwickeln Zieräpfel jedoch erst, wenn Sie sie

wie ein Strukturgehölz formieren, dessen Gerüsttriebe frühestens nach 10 bis 15 Jahren vergreisen. So entsteht nach einigen Jahren ein ausdrucksstarker Solist in Ihrem Garten.

Zieräpfel als Solisten

Belassen Sie bei Zieräpfeln drei bis fünf bodennahe, gut verteilte Triebe als Gerüst. Weitere starke Triebe im unteren Bereich entfernen Sie, schwache und flach stehende verbleiben als Blütenholz. Lichten Sie in den folgenden Jahren regelmäßig alle neuen Bodentriebe sowie steil oder nach innen wachsende Triebe vollständig aus. Verschlanken Sie zum Schluss die Triebspitzen, um einen lockeren Strauch zu erhalten.
Lichten Sie bei mittelalten Zieräpfeln alle zwei bis drei Jahre die Bodentriebe aus. Beginnen sich Triebenden übermäßig zu verzweigen, verschlanken Sie diese. Hängen die Triebenden bereits vergreist über, lenken Sie sie auf jüngere Triebe, die nach außen weisen, um.

Verjüngungsschnitt

Vergreist ein Zierapfel, lässt die Vitalität ganzer Gerüsttriebe nach. Es bilden sich Besen, die kaum noch blühen. Um die Form des Strauches zu erhalten und starkes Wachstum anzuregen (→ Seite 20/21), schneidet man den Zierapfel ausnahmsweise vor der Blüte. Lenken Sie stark vergreiste Haupttriebe auf tiefer stehende Seitentriebe um. Der im Strauchinneren entstehende Saftstau regt neues Wachstum an. Die neuen Spitzen der Haupttriebe verschlanken Sie bis auf einen Trieb.

Verjüngungsschnitt
Vergreiste Triebe werden auf jüngere Triebe im Strauchinneren umgelenkt. Dort wird so das Wachstum angeregt, und der äußere Bereich wird aufgelockert. Vergreiste Zieräpfel niemals einkürzen!

Schnitt ein Jahr später

Im Jahr danach beschränkt sich der Schnitt auf die Pflege des Neuzuwachses. An den Schnittstellen, an denen größere Triebe umgelenkt wurden, haben sich Jungtriebe gebildet. Entfernen Sie steile oder nach innen wachsende vollständig. Flache oder nach außen wachsende Triebe belassen Sie. Sie tragen ab dem nächsten Jahr Blüten. Kürzen Sie diese Triebe auf keinen Fall ein. Im oberen Bereich können Sie überhängende Triebe auf jüngere Triebe umlenken und Triebspitzen verschlanken – beides aber mit Zurückhaltung.

Weiter verjüngen

Die nun zweijährigen Jungtriebe blühen zum ersten Mal reich. Den einjährigen Triebzuwachs verschlanken Sie. Sind an den Schnittstellen Jungtriebe entstanden, lichten Sie wie im Vorjahr aus. Lenken Sie vergreiste Triebe wieder auf Jungtriebe um. Ein bis zwei Jungtriebe an der Basis lassen Sie schlank und ohne Einkürzen wachsen. Sie sind der Gerüsttriebersatz für die kommenden Jahre.

Im dritten Jahr hat sich das Wachstum beruhigt. Die dreijährigen Triebe nehmen nun den gesamten Saftstrom auf. Teilen Sie diese Triebe nach ihrer Funktion auf: Ein Teil wird zu den neuen Gerüsttrieben, die Sie verschlanken. Der größte Teil dient jedoch als Blütentriebe, die weiter kontinuierlich erneuert werden. Belassen Sie stets ein paar einjährige Triebe ungeschnitten als künftiges Blütenholz. Vergreisende Spitzen lenken Sie weiterhin auf schräg nach oben wachsende Jungtriebe um.

Schnitt ein Jahr später
Durch den Saftstau an den Schnittstellen wachsen etliche Jungtriebe. Davon lässt man aber nur die flachen oder nach außen weisenden stehen. An ihnen bilden sich in den kommenden Jahren die Blüten.

Schnitt zwei Jahre später
Lichten Sie die an den vorjährigen Schnittstellen entstandenen neuen Triebe aus. Belassen Sie an der Strauchbasis ein bis zwei Jungtriebe, um sie als Ersatz für Gerüsttriebe heranzuziehen. Verschlanken Sie die Triebspitzen.

Schnitt drei Jahre später
Setzen Sie bei Bedarf die Verjüngung maßvoll fort. Erhalten Sie die zurückgewonnene Vitalität durch stetiges Umlenken und Verschlanken von Trieben. Pflegen Sie das junge Blütenholz und ziehen Sie neues nach.

— 1. Schritt   — 2. Schritt   — 3. Schritt

Hortensien: romantische Vielfalt

Hortensien sind wie kaum ein Ziergehölz ein Sinnbild des ländlichen, romantischen Gartens. Die meisten strahlen in Weiß, einige in Rosa-, Blau- oder Rottönen. Ihre Blütendolden sind bis in den Winter ein reizvoller Schmuck für den Garten.

Alle Hortensien (*Hydrangea*-Arten) lieben sommerfeuchte und leicht saure Böden. Die meisten Arten sind Frühsommerblüher, einige blühen erst im Hochsommer. Je nach Kalkgehalt des Bodens färben die Blüten einiger Bauern- und Tellerhortensien unterschiedlich aus. Sie blühen in kalkhaltigen Böden rosa, in neutralen weiß und in sauren blau. Spezialdünger für blaue Blüten gibt es in Gärtnereien. Die Blütendolden sind auch noch im Winter dekorativ und schützen außerdem die darunterliegenden Knospen. Deshalb werden sie bis zum Frühjahr belassen.

Bauern- und Tellerhortensien

Bauern- und Tellerhortensien (*H. macrophylla, H. serrata*) tragen ihre Blütenknospen vor allem an einjährigen Langtrieben, aber auch an kürzeren Seitentrieben älterer Triebe. Anders als klassische Frühjahrsblüher werden diese Arten jährlich kurz vor dem Austrieb geschnitten. Zu dieser Zeit sind die dicken Blütenknospen unter den letztjährigen Blütendolden gut zu erkennen. Schneiden Sie sie kurz über der obersten dicken Knospe ab. Nach drei bis vier Jahren vergreisen die Triebe und blühen kaum noch. Lichten Sie deshalb ein Viertel der älteren Triebe am Boden aus und belassen Sie kräftige Jungtriebe als Ersatz. Kürzen Sie diese auf keinen Fall ein. Alle schwachen Jungtriebe entfernen Sie. Verzweigungen im Spitzenbereich verschlanken Sie, um den verbleibenden Trieb zu stärken.

Die Sorte 'Endless Summer' ist eine Ausnahme: Sie blüht im Juni nicht nur an einjährigen Trieben, sondern im Sommer an diesjährigen Trieben. Wird sie im Frühjahr kräftig geschnitten, fällt die Erstblüte zwar geringer aus, aber es folgt eine Sommerblüte, die bis in den Herbst hält.

Rispenhortensie

Die Rispenhortensie (*Hydrangea paniculata*) blüht im Sommer an diesjährigen Trieben. Ihr Gerüst kann mehrere Jahre vital bleiben. Ohne jährlichen Schnitt entwickelt sie eine bizarre Form, blüht aber nur noch wenig. Schneiden Sie die ersten drei Jahre alle starken Bodentriebe im Frühjahr um ein Drittel, schwache um die Hälfte zurück. Das Gerüst sollte nicht höher als 50 cm werden. Bei älteren Pflanzen entfernen Sie vergreiste Triebe im Strauchinneren und kürzen anschlie-

---

WEITERE HORTENSIENARTEN

Schneeballhortensie 'Annabelle' (*H. arborescens*)	große, cremeweiße Blütendolden an diesjährigen Trieben; kräftiger Frühjahrsschnitt: alte Triebe bodennah auslichten, vitale Triebe auf 30 cm einkürzen
Riesenblatt- und Samthortensie (*H.-aspera-*Unterarten)	Wuchs strauchartig; Blüten quirlartig an einjährigen Seitentrieben, die nicht eingekürzt werden; im Frühjahr letztjährige vetrocknete Blütenstiele entfernen, zurückhaltend schneiden, nur auslichten

ßend die einjährigen Triebe auf
zwei bis vier Knospen ein. Aus
diesen Zapfen entwickeln sich
kräftige Neutriebe, die große
Blüten tragen. Jungtriebe aus
dem Boden dienen später als
Ersatz für alte Gerüsttriebe.

Eichblatthortensie

Die Eichblatthortensie (Hydrangea quercifolia) behält ihr rotes
Laub oft sogar über Winter. Sie
blüht ab Juni an den Spitzen
einjähriger Lang- und Seitentriebe. Die Gerüsttriebe bleiben bis zu zehn Jahre vital.
Lichten Sie im Frühjahr eventuell vergreisende Gerüsttriebe
bodeneben aus, junge Bodentriebe dienen als Ersatz. Sie
werden nicht eingekürzt. Lenken Sie stark verzweigte Triebe
auf einen kräftigen, nach
außen weisenden Jungtrieb
um. Entfernen Sie zum Schluss
jährlich die alten Blüten, ohne
jedoch die darunterliegenden
Triebspitzen einzukürzen.

Kletterhortensie

Das starke Gerüst der Kletterhortensien (Hydrangea petiola-
ris) vergreist auch nach Jahren
nicht. Die weißen Tellerblüten
erscheinen aus den Spitzen-
knospen einjähriger Seitentriebe. Kletterhortensien schneiden Sie nur, wenn Sie sie
verkleinern wollen, Seitentriebe überlang von der Wand
abstehen oder verkahlen. Lenken Sie sie auf wandnahe Triebe um. Bilden sich am oberen
Ende des Gehölzes Besen, verschlanken Sie sie.

1

Bauern- und Tellerhortensie
Schneiden Sie die trockenen
Blütendolden über der obers-
ten dicken Knospe ab. Kür-
zen Sie die Enden einjähriger
Langtriebe nicht ein. Lichten
Sie vergreiste Triebe am
Boden aus.

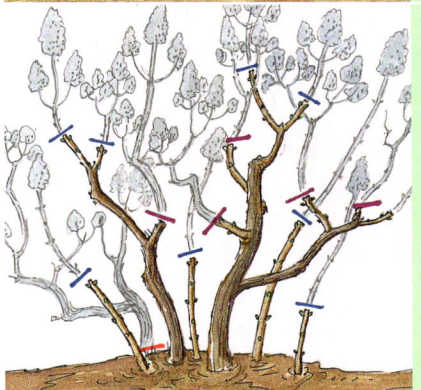

2

Rispenhortensie
Halten Sie das Gerüst nied-
rig. Lichten Sie zuerst vergreiste Gerüsttriebe aus. Bodenbürtige junge Ersatztriebe
kürzen Sie auf die Hälfte ein.
Kürzen Sie einjährige Triebe
bis auf vier Knospen ein.

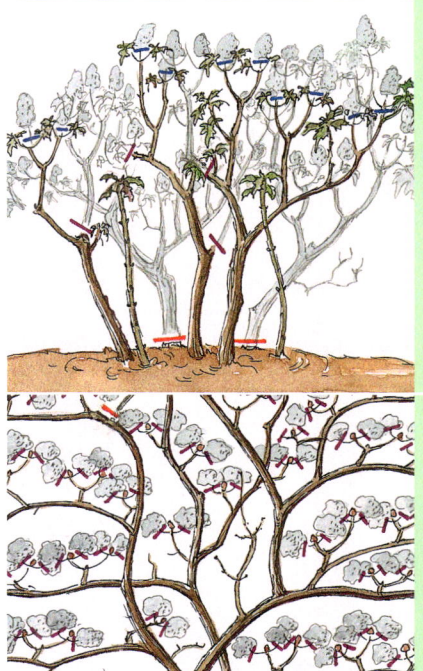

3

Eichblatthortensie
Sie besitzen ein langlebiges,
stabiles Gerüst. Entfernen
Sie die alten Blüten, kürzen
Sie dabei aber nie die Triebspitzen mit ein. An ihnen sitzen die Blütenknospen.

Kletterhortensie
Dank ihrer starken Gerüsttriebe brauchen sie nur selten
einen Schnitt. Stehen Seitentriebe überlang von der Wand
ab, lenken Sie sie auf weiter
innen stehende Triebe um.

4

Schneeball: duftend und vielfältig

Schneeball blüht in verschiedenen Arten und Sorten fast das ganze Jahr. Die meisten duften überschwänglich und sind deshalb auch als Sträuße im Haus beliebt. Ihre ansprechende Form macht sie zu hochwertigen Blütengehölzen im Garten.

Das Blütenspektrum der Schneeballarten (*Viburnum*-Arten) reicht von Weiß bis Rosa. Mehrere Sorten besitzen zudem eine attraktive Herbstfärbung. Die meisten sind sommergrün, einige behalten ihr Laub den Winter über, und einige wenige sind sogar immergrün. Alle bauen ein stabiles Gerüst auf, das je nach Sorte über Jahre vital bleibt. Gleichzeitig entwickeln sie stets neue Bodentriebe. Die Blütenknospen sitzen entlang oder an der Spitze einjähriger Triebe.

Gefüllter Schneeball

Der Gefüllte Schneeball (*V. opulus* 'Roseum') formt ein stabiles Gerüst. Die einzelnen Bodentriebe bleiben etwa sechs bis acht Jahre vital. Er blüht an einjährigen Trieben und wird jährlich nach der Blüte geschnitten. Auch kurze, 10 cm lange Triebe besitzen noch Blütenknospen. Vergreiste Gerüsttriebe, die kaum noch blühen, entfernen Sie am Boden und ersetzen sie durch bereits vorhandene Jungtriebe. Die Blüten können so schwer werden, dass sich die Triebe biegen und am Scheitelpunkt kräftig neu austreiben. Lenken Sie solche

Gefüllter Schneeball
Die Gerüsttriebe sind stabil und werden erst bodeneben entfernt, wenn sie nach sechs bis acht Jahren vergreisen. Lenken Sie überhängende Triebe auf schräg nach außen stehende Jungtriebe um.

Winterblühender Schneeball
Lichten Sie überzählige Bodentriebe aus. Achten Sie darauf, dass die verbleibenden gleichmäßig verteilt sind. Bilden sich Köpfe oder hängen Triebe über, lenken Sie auf einen Jungtrieb um.

Etagen-Schneeball
Für das Gerüst sind fünf bis sieben Triebe ausreichend. Lichten Sie Seitentriebe im Strauchinneren aus, sodass die einzelnen Etagen klar erkennbar bleiben. Halten Sie Triebspitzen schlank.

überhängenden Triebe oder Besen auf schräg nach oben wachsende Jungtriebe um. Die Wildform, der **Gemeine Schneeball** (*V. opulus*), wird genauso geschnitten. Seine Früchte sind bei Vögeln nicht beliebt und bleiben deshalb den ganzen Winter am Strauch.

Winterblühender Schneeball

Diese Schneeballarten (*V. x bodnantense* und *V. farreri*) blühen oft schon im November, in milden Wintern zieht sich die Blüte bis März hin. Schneiden Sie jedes Jahr nach der Blüte zurückhaltend, um den typischen Charakter zu erhalten. Diese Arten entwickeln stabile, langlebige Gerüsttriebe;

WEITERE SCHNEEBALLARTEN

Burkwoods Schnee-ball (*V. x burkwoodii*), Koreanischer Schnee-ball (*V. carlesii*)	wertvolle skurrile Gestalt; Blüten am Ende einjähriger Triebe; Schnitt nach der Blüte; zurückhaltendes Umlenken und Verschlan-ken der Triebe
Wolliger Schneeball (*V. lantana*)	Gerüsttriebe langlebig; Blüten an einjähri-gen Trieben; extensiver Schnitt: Auslich-ten vergreister Triebe am Boden; Vorsicht: Wolle der Triebe und Blätter verursacht Jucken auf der Haut

---

sieben bis zehn gleichmäßig verteilte Triebe unterschiedlichen Alters reichen für einen ansprechenden Aufbau. Erst nach fünf bis acht Jahren lichtet man vergreisende Triebe bodeneben aus und tauscht sie durch Jungtriebe aus. Lenken Sie überhängende Verzweigungen auf einen Jungtrieb um und verschlanken Sie anschließend die Triebspitzen. Überzählige Bodentriebe reißen Sie im ersten Sommer aus.

Etagen-Schneeball

Der Japanische Etagen-Schneeball (*V. plicatum* 'Mariesii') blüht reich und ist ein anmutiges Strukturgehölz. Seine aufrechten vier bis sieben Gerüsttriebe bilden etagenartig angeordnete, reizvolle Seitentriebe. Die hortensienähnlichen Blüten stehen an einjährigen Trieben, die man nie einkürzen darf. Die Gerüsttriebe vergreisen erst nach Jahren. Der Schnitt erfolgt regelmäßig, aber zurückhaltend nach der Blüte. Nur wenn die Etagen zu dicht werden und ineinander verschmelzen, entfernen Sie im Strauchinneren einige Triebe gerüstnah. Wird der obere Bereich übermäßig breit, lichten Sie aus, indem Sie auf einzelne, gut verteilte, nach außen weisende Triebe umlenken. Verschlanken Sie zum Schluss die Enden der flachen Seitentriebe.

Die Sorte 'Watanabe' blüht an diesjährigen Trieben bis in den Herbst nach. Sie wird, wenn nötig, nach der Erstblüte im Frühsommer geschnitten.

Mittelmeer-Schneeball

Der immergrüne Mittelmeer-Schneeball (*V. tinus*) braucht einen geschützten Standort. Nur in Gegenden mit Weinbauklima ist er zuverlässig winterhart. Die Blüten erscheinen an der Spitze einjähriger Triebe. Das Blütenholz ist sehr langlebig, ein Schnitt kaum nötig. Nur wenn einzelne Triebe sehr lang überstehen, lenken Sie sie nach der Blüte auf Seitentriebe im Strauchinneren um.

Mittelmeer-Schneeball
Eine Verjüngung ist kaum notwendig. Damit die Form kompakt bleibt, lenken Sie bei Bedarf überlange Triebe auf Seitentriebe im Strauchinneren um. Schneiden Sie nach der Blüte.

— 1. Schritt — 2. Schritt — 3. Schritt

Rhododendron: bunte Blüten im grünen Kleid

Rhododendren verwandeln den Garten in ein spektakuläres Feuerwerk der Farben. Die Sortenvielfalt liefert ein enormes Farbenspiel. Da die meisten Sorten immergrün sind, sind sie begehrte Strukturbildner im Garten.

Viele Rhododendren (*Rhododendron*-Arten) bilden mit ihren teils großen Blättern raumfüllende Sträucher. Einige bleiben eher zierlich. Fast alle Arten benötigen einen humosen, sauren Boden in luftfeuchter Lage. Für eine erfolgreiche Kultur in kalkreichen Böden sind spezielle Bodenvorbereitungen nötig. Erhöht sich der Kalkgehalt nach einigen Jahren wieder, müssen Sie erneut saures Substrat einarbeiten. Eine Ausnahme sind die 'Inkarho'-Sorten, deren Wurzeln bis zu einem gewissen Grad kalktolerant sind. Rhododendren sollten vor großer Hitze und Mittagssonne geschützt stehen, eine Ost- oder Westseite ist für sie ideal. Sie sind typische Frühjahrsblüher mit großen, endständigen Blütenknospen. Solange Rhododendren kompakt wachsen und nicht vergreisen, benötigen sie – außer dem Entfernen verblühter Blüten – keinen regelmäßigen Schnitt.

Blüten ausbrechen

Rhododendron blüht im Frühjahr und treibt gleich anschließend aus. Brechen Sie Verblühtes jährlich nach der Blüte aus. Direkt unterhalb der Blütenstände befindet sich ein kurzes, gedrungenes Triebstück. An dieser Stelle ist es einfach, die Blüte zu entfernen. Haben sich darunter schon neue Triebe gebildet, achten Sie darauf, diese nicht zu beschädigen. Je früher Sie ausbrechen, umso besser ist es für die Pflanze.

Auslichten

Manchmal schießen einzelne, von unten her verkahlende Triebe über den Strauch hinaus und lassen ihn sparrig aussehen. Lenken Sie diese Triebe vor der Blüte auf Seitentriebe im Inneren des Strauches um. Der Schnitt sollte auf den ersten

> **Blüten ausbrechen**
> Verblühte Blüten brechen Sie direkt über den austreibenden Seitentrieben aus. Verletzen Sie dabei die neuen Triebe nicht. Je früher Sie Verblühtes ausbrechen, umso besser ist es für die Pflanze.

ÄHNLICH ZU SCHNEIDENDE ZIERGEHÖLZE

Abelie (*Abelia* x *grandiflora*)	immergrün, Schnitt vor der Blüte
Aukube (*Aucuba japonica*)	immergrün, Schnitt nach der Blüte
Azalee (*Azalea*-Arten)	sommer- oder immergrün, Schnitt nach der Blüte
Prachtglocke (*Enkianthus campanulatus*)	sommergrün, Schnitt nach der Blüte
Lorbeerrose (*Kalmia*-Arten)	immergrün, Schnitt nach der Blüte

Auslichten
Überlange, meist verkahlte Triebe verunstalten die Form des Rhododendronstrauches. Lenken Sie diese Triebe mit kleinen Zapfen auf Seitentriebe im Inneren des Strauches um. So bleibt der Schnitt diskret.

Verjüngungsschnitt
Vergreisen Rhododendren, lenken Sie ein Drittel der Triebe auf Seitentriebe im Strauchinneren um. Lassen Sie dabei kurze Zapfen stehen. Scheuen Sie sich nicht, diese Triebe nahe am Boden zu entfernen.

Schnitt ein Jahr später
Haben die letztjährigen Zapfen ausgetrieben, können Sie ein weiteres Drittel älterer Triebe umlenken. Ist dagegen noch kein Austrieb erfolgt, warten Sie mit dem Rückschnitt noch bis ins nächste Jahr.

Blick nicht sichtbar sein. Belassen Sie dabei kleine, etwa 5 cm lange Zapfen. Der verbleibende Seitentrieb ernährt den Zapfen, sodass dieser nicht eintrocknet. Damit wird ein Neuaustrieb garantiert. Die Reaktion an der Schnittstelle lässt jedoch oft ein Jahr auf sich warten. Der Austrieb erfolgt dann erst im nächsten Frühjahr.

Verjüngungsschnitt

Rhododendron wächst jahrelang kompakt. Trotzdem werden die Sträucher im Alter oft lückig. Einzelne Triebe verkahlen, und die Blüte lässt nach. In diesem Fall müssen Sie Rhododendren verjüngen: Lenken Sie ein Drittel der längsten Triebe

mit einem 5 cm langen Zapfen an einer Verzweigung im Strauchinneren um. Bei Bedarf sollten Sie sogar bodennah umlenken. Der beste Schnittzeitpunkt ist das Frühjahr vor dem Austrieb – nach der Blüte ist es zu spät.
Lassen Sie sich nicht irritieren, wenn der Zapfen nicht mehr im selben Jahr austreibt. In den allermeisten Fällen erfolgt der Neutrieb dann im nächsten Jahr. Die Austriebswilligkeit schwankt nach einem Rückschnitt jedoch je nach Sorte sehr stark. Es ist aber besser, einen Rückschnitt zur Vitalisierung des Strauches zu versuchen, als die ganze Pflanze zu ersetzen, ohne dass es vielleicht notwendig wäre.

Schnitt ein Jahr später

Im Sommer nach der Verjüngung haben die meisten Zapfen ausgetrieben. Sind sie zurückgetrocknet, entfernen Sie die verdorrten Teilstücke. Sie können nun im darauf folgenden Frühjahr ein weiteres Drittel der lichten Krone auf Zapfen zurückschneiden. Ist aus dem Zapfen des ersten Schnitts ein kräftiger Austrieb entstanden, kann der verbliebene Seitentrieb ebenfalls auf einen Zapfen zurückgeschnitten werden. Ist kein Neutrieb vorhanden, warten Sie mit dem Rückschnitt des alten Triebs noch ein Jahr. Lassen Sie bodennahe Jungtriebe stehen. Sie sind in einigen Jahren der Grundstock für weitere Verjüngungen.

— 1. Schritt — 2. Schritt — 3. Schritt

65

Lorbeerkirsche und Buchs: immergrüne Allrounder

Lorbeerkirsche und Buchs sind wahre Lebenskünstler. Ob in Form geschnitten oder frei wachsend, machen sie immer eine gute Figur. Dabei steht ihr immergrünes Blattwerk im Vordergrund – bei Buchs zierliches Laub, bei Lorbeerkirsche große Blätter.

Die Lorbeerkirsche (*Prunus laurocerasus*) erreicht je nach Sorte Höhen bis 3 m, in warmen Klimaten oft bis 4 m. Sie ist anspruchslos und gedeiht dank ihrer tiefen Wurzeln selbst in Wurzelkonkurrenz zu Bäumen. Ihre Blütezeit beginnt im Mai ('Otto Luyken'), bei einigen Sorten reicht sie bis in den September ('Zabeliana', 'Van Nes'). Ein Schnitt ist nur nötig, wenn sie im unteren Gehölzteil verkahlt. Die **Portugie**sische **Lorbeerkirsche** (*Prunus lusitanica*) mit ihrem attraktiven Laub braucht warme Standorte im Weinbauklima und wird bei Bedarf wie *Prunus laurocerasus* geschnitten.

Lorbeerkirsche auslichten

Zum richtigen Zeitpunkt geschnitten, sind Lorbeerkirschen sehr schnittverträglich. Schneiden Sie erst ab Anfang April. So liegt zwischen Schnitt und Neuaustrieb nur kurze Zeit, und entstandene Wunden trocknen nicht ein. Ein Schnitt ist aber erst dann nötig, wenn Triebe überlang aus dem Strauch ragen. Lenken Sie diese mit anderen, die harmonische Form störenden Trieben auf

Lorbeerkirsche auslichten
Lenken Sie überlange Triebe der Lorbeerkirsche auf Seitentriebe im Inneren des Strauches um. Lassen Sie dabei kleine Zapfen stehen, diese fördern den Neuaustrieb im Frühjahr.

Lorbeerkirsche verjüngen
Sie können ohne weiteres stärkere Gerüsttriebe herausnehmen, wenn Sie im späten Frühjahr schneiden. Verteilen Sie die Verjüngung auf mehrere Jahre, bleiben dem Strauch genug Blätter.

Buchs verjüngen
Buchs verträgt eine maßvolle Verjüngung. Schneiden Sie nur in bewölkten Perioden. Beim Umlenken bleiben kleine Zapfen stehen. Das Schnittgut können Sie zur Vermehrung verwenden.

Seitentriebe im Strauchinneren um. Lassen Sie 1 cm lange Zapfen stehen. Diese Zapfen fördern den Neuaustrieb. Verzweigen sich die oberen Triebteile übermäßig, verschlanken Sie diese. Das ist auch für formale Hecken aus Lorbeerkirsche zu empfehlen. Schneiden Sie sie niemals mit der Heckenschere, denn die angeschnittenen Blätter trocknen ein, und die Hecke wird dadurch unansehnlich.

Praxisinfo

BUCHS DURCH STECKLINGE VERMEHREN

Der ideale Zeitpunkt für die Vermehrung ist der Frühsommer, wenn die noch grünen Triebe gerade zu verholzen beginnen.

- Entblättern Sie 10 cm lange Triebspitzen zu drei Vierteln. Tauchen Sie sie kurz in ein Bewurzelungspulver und stecken sie bis zu den ersten Blättern in Vermehrungssubstrat.
- Decken Sie die Stecklinge zum Schutz vor Verdunstung mit Klarsichtfolie ab. Stellen Sie sie im Halbschatten auf. Buchs kann Monate zum Bewurzeln brauchen. Maßvoll gießen.

Lorbeerkirsche verjüngen

Lorbeerkirschen lassen sich – wie Rhododendren – verjüngen. Die Gerüsttriebe werden im Alter oft überstark, und der Strauch verkahlt von unten. Lenken Sie beim Schnitt im späten Frühjahr einzelne Gerüsttriebe bodennah um. Ein nach außen weisender Seitentrieb übernimmt in den kommenden Jahren die Funktion des entfernten Gerüsttriebs. Trocknet der Haupttrieb an der Schnittwunde zurück, lenken Sie ein bis zwei Jahre später auf den nächsten vitalen Seitentrieb um. Überlange Triebe lenken Sie weiterhin auf tiefer stehende um. Triebspitzen werden verschlankt. Verstreichen Sie die Ränder größerer Wunden (→ Seite 31).

Buchs auslichten

Der Gewöhnliche Buchsbaum (*Buxus sempervirens*) ist sehr vielgestaltig. Einige Sorten (z.B. 'Arborescens') können im Alter große Sträucher bilden, der kleinwüchsige Heckenbuchs ('Suffruticosa') wird ungeschnitten auch nach Jahrzehnten nicht höher als 1,5 m. Nicht nur als Hecke (→ Seite 96) oder Formgehölz (→ Seite 98) erzogen, ist Buchs sehr ansprechend, sondern er ist auch als frei wachsender Strauch sehr attraktiv. Die Konkurrenz von Bäumen oder einen schattigen Standort kann er durch seine Anpassungsfähigkeit in hohem Maße wettmachen. Buchs besitzt ein feinfaseriges, dichtes Wurzelwerk und lässt sich daher auch als altes Gehölz noch gut verpflanzen.

Schneiden Sie Buchs zwischen März und Juli. Wird zu früh geschnitten, können die Neutriebe bei Spätfrösten erfrieren. Erfolgt der Schnitt hingegen zu spät, reifen die jungen Triebe nicht mehr aus und trocknen über Winter ein. Wählen Sie für den Schnitt unbedingt einen Zeitraum mit bewölktem Himmel, damit sich die nun an die Sonne tretenden Schattenblätter ohne Verbrennungen an die neuen Lichtverhältnisse anpassen können. Abgeschnittene Triebspitzen eignen sich gut für die Vermehrung (→ Praxisinfo).

Buchs verjüngen

Ältere Buchspflanzen werden oft lückig: Die älteren Triebe verkahlen und bilden Besen aus. Um solche Gehölze zu verjüngen, lenken Sie Anfang April einzelne dickere Triebe auf Seitentriebe im Strauchinneren um. Lassen Sie dabei kleine Zapfen stehen. Sie fördern den neuen Durchtrieb. Entfernen Sie höchstens ein Viertel der älteren Triebe, damit noch genügend Blätter zur Bildung neuer Reservestoffe am Strauch verbleiben. Achten Sie darauf, dass die Schnittstellen von außen nicht zu sehen sind. So behält die Pflanze ihre attraktive Gestalt. Dann verschlanken Sie die Spitzen der verbleibenden Triebe. Bei Bedarf führen Sie die Verjüngung in den folgenden Jahren maßvoll weiter.

━ 1. Schritt ━ 2. Schritt ━ 3. Schritt

Nadelgehölze: immergrüne Solisten

Nadelgehölze gibt es in vielen Formen und Größen, sie sind fast alle immergrün. Die Farben ihrer Nadeln reichen von vielfältigen Grüntönen bis zu Grau, Gelb oder Bläulich. Die Wuchsformen variieren von flach über rund bis zu säulenförmig.

Die meisten Nadelgehölze (Koniferen) mögen keine schweren, nassen Böden. Viele reagieren jedoch auch auf Trockenheit mit Stresssymptomen. Die Blüte der Nadelgehölze ist unbedeutend, bei manchen sind die Zapfen ein begehrter Schmuck. Mit Ausnahme der Eibe sind Koniferen nicht sehr schnittverträglich. Lässt sich ein Schnitt nicht vermeiden, darf er nur im benadelten Bereich erfolgen. Auf Schnitte ins alte Holz reagieren Nadelgehölze oft mit dem Eintrocknen ganzer Triebe. Der Schnitt im Mai ist für die meisten am verträglichsten. Erhalten Sie dabei stets die natürliche Form. Wird eine Konifere zu groß oder ist ein maßvoller Schnitt nicht möglich, bleibt nur der Ersatz des Gehölzes.

Wacholder

Bei Wacholder (*Juniperus*-Arten) gibt es sortenspezifische Wuchsformen. Oft verlieren sie nach einigen Jahren die Form. Gleichzeitig bekommen die unteren Triebe nicht mehr genug Licht, die Nadeln werden braun und sterben ab. Ziel des Schnitts ist es, die Sträucher kompakt zu halten, sodass sie

Wacholder
Lenken Sie die längsten Triebe auf benadelte Seitentriebe im Innenbereich um. Bei niederen Wacholdern sollte der Seitentrieb nach oben weisen, so bleibt die Schnittstelle unsichtbar.

Kiefer
Schneiden Sie Kiefern nur, wenn es unbedingt nötig ist. Bei einem Schnitt im Mai oder Juni ist am ehesten mit einem Neuaustrieb zu rechnen. Kürzen Sie am besten noch nicht verholzte Triebe.

Thuja
Respektieren Sie beim Schnitt die sortenabhängige Wuchsform. Lenken Sie lange Triebe auf benadelte Seitentriebe im Innenbereich um. Erhalten Sie den senkrechten Mitteltrieb.

nicht verkahlen. Dazu lenken Sie die längsten Triebe auf einen benadelten Seitentrieb im Inneren des Gehölzes um. Er wächst kräftig und wird die Schnittstelle bald verdecken. Schneiden Sie am besten zwischen Mai und Anfang August.

Kiefer

Typisch für Kiefern (*Pinus*-Arten) ist ein bizarrer Wuchs. Ein Schnitt fördert dieses Aussehen meist nicht. Schneiden Sie deshalb möglichst wenig. Kiefern verkahlen oft. Am besten kürzen Sie die jungen Austriebe im Frühsommer ein, solange sie noch nicht verholzt sind. An der Schnittstelle entstehen zusätzliche Seitenknospen, aus denen sich im

> **Praxisinfo**
>
> **VORBEUGEN STATT SCHNEIDEN**
>
> - Beachten Sie vor der Auswahl einer Konifere, welche Endgröße sie erreichen kann. Bedenken Sie dabei auch, dass aufrecht wachsende Nadelgehölze am besten wirken, wenn sie bis zum Boden benadelt sind. Dazu müssen sie aber ungehindert in die Breite wachsen können.
> - Sobald sie feststellen, dass Ihre Konifere in den nächsten Jahren zu groß werden wird, setzen Sie mit dem Schnitt ein. Dadurch können Sie zurückhaltender schneiden und die Form schonen.

nächsten Jahr mehrere Verzweigungen entwickeln. Bei älteren Gehölzen lenken Sie zu lange oder kahle Triebe auf einen Seitentrieb um. Lassen Sie Zapfen stehen. Damit sie nicht eintrocknen, schneiden Sie im Mai/Juni.

Thuja

Thujen (*Thuja*-Arten) wachsen je nach Sorte in unterschiedlichen Formen. Ein Schnitt muss der typischen Wuchsform Rechnung tragen. Schneiden Sie Thuja, bevor sie die gewünschte Höhe erheblich überschreitet. Lenken Sie dazu im Frühsommer die längsten Triebe im Inneren des Gehölzes auf einen benadelten Seitentrieb um. Die Schnittstelle sollte nicht sichtbar sein. Ist die Art kegelförmig, schneiden Sie die Spitze schlanker als die Basis. Erhalten Sie den senkrechten Mitteltrieb. Bei **Kugelthuja** (*T. occidentalis* 'Danica' und 'Recurva Nana') ist meist kein Schnitt nötig. Wird sie zu groß, entfernt man nur die Triebspitzen. Entstehen

Schäden durch Schneedruck, binden Sie Triebe an den lückenhaften Stellen zusammen.

Eibe

Die Eibe (*Taxus*-Arten) treibt auch aus altem Holz bereitwillig wieder aus. Dennoch sollten Sie auf Schnitte in den Stamm oder in sehr starke Gerüsttriebe verzichten. Nur buschige Eiben mit zu dicht stehenden senkrechten Gerüsttrieben verkraften es, wenn Sie die stärksten davon komplett entfernen und Jungtriebe als Ersatz verwenden. In den nächsten Jahren können Sie diesen Prozess fortsetzen. Überlange Seitentriebe entfernen Sie am Gerüst auf kleine Zapfen. So halten Sie den Strauch in der gewünschten Höhe und Breite. Alternativ entfernen Sie die schwächsten Gerüsttriebe und fördern so die Entwicklung von einem mehrstämmigen Strauch zum großwüchsigen Baum. Ideale Zeit für den Schnitt ist das späte Frühjahr vor dem Austrieb.

Eibe
Eiben können Sie problemlos schneiden oder verjüngen. Lichten Sie bei Pflanzen mit vielen aufrechten Gerüsttrieben einige komplett aus. Lange Seitentriebe kürzen Sie am Gerüst auf Zapfen ein.

— 1. Schritt   — 2. Schritt   — 3. Schritt

Farbenspiel mit Blatt und Rinde

Bei manchen Ziersträuchern spielt die Blüte nicht die erste Rolle, sie beeindrucken vielmehr durch die Farben ihrer Blätter oder der Rinde. Ergänzt wird ihre Erscheinung teils durch bizarre Formen.

Hartriegel und Weiden als Frühjahrsblüher sowie Perückenstrauch als Sommerblüher besitzen durchaus attraktive Blüten und können wie normale Blütensträucher geschnitten werden. Dabei schneidet man Hartriegel wie die Forsythie (→ Seite 52), die meisten strauchartigen Weiden wie Felsenbirne oder Zierapfel (→ Seite 54 und 58). Den Perückenstrauch schneidet man nur bei Bedarf, er gleicht am ehesten dem Flieder (→ Seite 56). Die Qualität dieser Ziergehölze liegen vor allem in der auffälligen Färbung der Blätter oder

Rinde. Ein spezieller Schnitt fördert diese Schmuckelemente – obwohl Sie dabei manchmal auf Blüten verzichten müssen. Neben den beschriebenen Arten und Sorten gibt es noch weitere, die sich für solche Erziehung eignen. Wenn Sie in Ihrer Baumschule Gehölze mit attraktiver Rinde oder Blattfarbe entdecken, erkundigen Sie sich am besten, ob sie für eine solche Erziehung geeignet sind.

Kopfweiden

Die Kopferziehung von Weiden (*Salix*-Arten) ist nicht auf die Korbweide begrenzt. Einst entstand sie, um lange einjährige Ruten für die Korbflechterei zu gewinnen. Heute dient sie vor allem dazu, die schöne Farbe der Rinde dieser Triebe für den Garten zu nutzen. Da bei einigen Arten diese Triebe zugleich hübsche Blüten tragen, schneiden Sie erst nach der Blüte. Korbweiden hingegen werden vor der Blüte geschnitten. Der Erziehungsschnitt der Kopfweiden dauert mehrere Jahre: Der junge Stammtrieb wird zunächst auf die gewünschte Stammhöhe eingekürzt. In den folgenden Jahren kürzen Sie die neuen einjährigen Triebe knapp über der Austriebsstelle ein. Der sich mit den Jahren bildende Kopf wird dadurch immer dicker. Achten Sie darauf, den Kopf nicht zu verletzen, da er sonst fault. Die kleinen Schnittstellen der Jungtriebe sind dagegen harmlos und verwachsen im Lauf des Sommers. Triebe am Stamm entfernen Sie schon im Sommer der Entstehung völlig.

Hartriegel

Während einige Sorten des **Tatarischen Hartriegels** (*Cornus alba*) eine rote Rindenfarbe bilden ('Sibirica', 'Spaethii'), leuchtet die Rinde von **Gelbholz-Hartriegel** (*Cornus sericea* ssp. *sericea*, syn. *C. stolonifera* 'Flaviramea') hellgrün-gelb. Die Färbung hält jedoch nur die ersten drei bis vier Jahre an. Lichten Sie deshalb im Frühjahr alle Triebe am Boden aus, die älter als drei Jahre sind.

SO BRINGEN SIE FARBE IN DEN GARTEN

Rinde	Salweide (*Salix caprea*) 'Mas': grün, Bienenweide Reifweide (*S. daphnoides*) 'Praecox': silbergrau Korbweide (*S. viminalis*): gelb-grün
Blätter	Blutberberitze (*Berberis thunbergii*) 'Atropurpurea': rot Blasenspiere (*Physocarpus opulifolius*) 'Diabolo': rot Blasenspiere 'Dart's Gold': gelb Schwarzer Holunder (*Sambucus nigra*) 'Aurea': gelb Schwarzer Holunder 'Black Beauty': rot Schwarzer Holunder 'Black Lace': rot, geschlitzt

---

Nur so wachsen ausreichend attraktive Jungtriebe nach. Verschlanken Sie die verbliebenen Triebe. Da Hartriegel gerne wuchert, reißen Sie zu weit außen stehende Bodentriebe schon im Sommer der Entstehung aus.

Führen Sie den Schnitt erst kurz vor dem Austrieb durch. So bleibt die Farbe des Strauches im Winter bis zum späten Frühjahr erhalten und bereichert Ihren kahlen Garten. Vor allem Kombinationen mit Narzissen oder frühen Tulpen sind sehr effektvoll.

Perückenstrauch

Einige Sorten des Perückenstrauchs *(Cotinus coggygria)* besitzen auffallend gefärbte Blätter in Rot ('Royal Purple') oder Gelb ('Golden Spirit'). Die Sträucher werden deshalb oft als Begleitgehölze in Staudenrabatten verwendet. Die jungen Blätter sind am intensivsten gefärbt. Ältere, ausgewachsene Blätter verlieren nach einigen Wochen an Leuchtkraft. Mit einem kräftigen Schnitt erreichen Sie, dass die Triebe den ganzen Sommer hindurch wachsen und der Strauch dadurch beständig neue Blätter bildet. Der Zuwachs im Jahr kann bis zu 1,5 m betragen. Je nachdem, welche Höhe Sie für den Strauch in der Rabatte vorgesehen haben, schneiden Sie die Triebe im späten Frühjahr auf 30–100 cm zurück. Schneiden Sie jedes Jahr. Dann entstehen nur kleine Wunden, die relativ schnell heilen.

1
Kopfweiden
Kürzen Sie die einjährigen Jungtriebe im Frühjahr auf kleine Zapfen ein. Achten Sie darauf, beim Schnitt dem Kopf keine großen Wunden zuzufügen. Sonst kann sich leicht Fäulnis bilden.

2
Hartriegel
Die schönste Rindenfarbe findet man bei Hartriegel an jungen Trieben. Schneiden Sie deshalb die Sträucher jährlich am Boden aus und entfernen dabei alle Triebe, die älter als drei Jahre sind.

3
Perückenstrauch
Wird der Perückenstrauch jährlich kräftig zurückgeschnitten, wächst er den ganzen Sommer hindurch und treibt neue Blätter. So erhalten Sie die intensive Blattfarbe die ganze Saison.

Durch Schnitt in Topform: Säulen, Kugeln, Baldachin

Von vielen Ziergehölzen gibt es Sorten, die sich durch ganz charakteristische Wuchsformen auszeichnen. Sie wachsen säulenförmig, kugelrund oder bilden Schleppen.

Sie kommen am besten als Solitärgehölze zur Wirkung und wünschen keine starke Konkurrenz. Damit die spezielle Form erhalten bleibt, sind diese Sorten meist veredelt, einige werden auch durch Stecklinge vermehrt.
Im Prinzip gelten ähnliche Schnittregeln wie für die Ursprungsart des Gehölzes. Sie müssen beim Schnitt der Säulen, Hängeformen oder Kugeln aber die typische Figur berücksichtigen. Je zurückhaltender Sie – mit wenigen Ausnahmen – schneiden, umso ausgeprägter entwickelt sich die Pflanze.

Elegante Hängeformen

Die überhängende Edelsorte ist meist auf einen Stamm der Wildsorte veredelt. Deshalb können sich am Stamm oder aus der Wurzel immer wieder Wildtriebe entwickeln. Entfernen Sie solche Wildtriebe, sobald sie entstehen, indem Sie sie ausreißen. In der schirmartigen Krone schneiden Sie nur, wenn diese übermäßig vergreist oder von der Mitte aus verkahlt. Kürzen Sie dabei die Triebe nie ein. Lenken Sie vielmehr verkahlte Triebe auf weiter im Kroneninneren stehende Seitentriebe um. Zum Schluss verschlanken Sie diese und alle übrigen Triebe. Hängeformen von Frühjahrsblühern, wie zum Beispiel Zierkirschen (*Prunus subhirtella* 'Pendula', *P. serrulata* 'Shidare-zakura') oder solche von anderen Gehölzern schneiden Sie frühestens nach der Blüte.
In den meisten Fällen ist der Schnitt im Sommer vorteilhafter. Zum einen ist er für die Pflanzen verträglicher, zum anderen lässt sich dann die Triebdichte besser beurteilen und gleichmäßiger erhalten. Eine Ausnahme ist die **Hängekätzchenweide** (*Salix caprea* 'Mas Pendula'). Ihre einjährigen Triebe werden – wie bei der Kopfweide – jedes Frühjahr nach der Blüte stark eingekürzt. Lassen Sie dabei kurze Zapfen stehen, das regt den Neuaustrieb an.

Gut geformt: Kugeln

Hochstämmige Kugelformen von Liguster (*Ligustrum delavayanum*, frostempfindlich), Zierkirsche (*Prunus fruticosa* 'Globosa'), Ahorn (*Acer platanoides* 'Globosum'), Scheinakazie (*Robinia pseudoacacia* 'Umbraculifera') und anderen Arten sind immer in Kronenhöhe auf Wildformen veredelt. Im Alter neigen sie meist zu einem breitovalen, schirmartigen Wuchs. Wenn Sie die Kugelform erhalten wollen, müssen Sie von Anfang an einzelne Triebe im Bauminneren auslichten und die verbleibenden verschlanken. Ein starker Schnitt

---

Praxisinfo

AUF VEREDELUNGSSTELLEN ACHTEN

- Die meisten besonderen Wuchsformen werden durch Veredeln auf einen anderen Wurzelstock vermehrt. Achten Sie bei der Auswahl der Pflanze auf eine gut verwachsene Veredelungsstelle ohne Wunden und eingetrocknete Stellen.

- Aus der Unterlage, die oft aus Wurzelstock und Stamm besteht, können immer wieder Wildtriebe austreiben. Reißen Sie diese Triebe am besten schon im Juni in noch grünem Zustand aus. Die kleine Risswunde kann im selben Sommer noch verheilen.

Hängekätzchenweide

1

Die Hängekätzchenweide stellt eine Ausnahme unter den Hänge-formen dar. Wie die Kopfweide wird sie jedes Jahr sehr stark bis auf kleine Zapfen nahe an die Veredelungsstelle zurückge-schnitten.

Ligusterkugel

2

Eine auf einen Stamm veredelte Ligusterkugel geht, wie andere Kugelformen, nach einigen Jahren in die Breite und wird oval. Bei solch kleinen Kugeln ist regelmäßi-ges Einkürzen der Spitzen erlaubt. Stammtriebe entfernen Sie.

Säulen erhalten

3

Achten Sie bei allen Säulenfor-men unbedingt darauf, dass Sie in der Jugend die Anzahl der Gerüsttriebe verringern. Lenken Sie später auseinander fallende Gerüsttriebe auf aufrechte Sei-tentriebe um.

bei älteren Bäumen ist dem Charakter nicht zuträglich. Die Krone wirkt in der Folge besen-artig und damit unharmonisch. Bei niederen Hochstämmchen mit kleinen Kugeln, wie Ligus-ter oder Buchs, sind die Kronen meist nicht natürlich rund ge-wachsen. Sie wurden durch eine gezielte Formierung so erzogen. Solche Hochstämm-chen werden wie Formschnitte gepflegt (→ Seite 94). Bedenken Sie bei der Verwen-dung von Kugelbäumen im-mer, dass selbst eine harmo-nische Krone formal und streng wirkt. Sie sind daher nur bedingt geeignet, eine formale Gartenanlage aufzulockern,

sondern passen eher als Blick-punkt in einem weniger streng gestalteten Garten.

Schlank und rank: Säulen

Bekannte Säulenformen finden sich bei Zierkirsche (*Prunus serrulata* 'Amanogava'), Zier-apfel (*Malus domestica* 'May-pole'), Hainbuche (*Carpinus betulus* 'Fastigiata'), Eibe (*Taxus baccata* 'Fastigiata') und Wa-cholder (*Juniperus communis* 'Hibernica') neben vielen wei-teren Arten und Sorten. Meist bestehen sie aus mehreren auf-rechten Gerüsttrieben. Diese sind deshalb nur einseitig mit

Seitentrieben besetzt. Durch die ungleichmäßige Gewichts-verteilung fallen die Gerüst-triebe im Alter oder unter Schneelast oft auseinander. Stufen Sie deshalb von jung an einen Teil der Gerüsttriebe ab, indem Sie auf senkrechte, möglichst weit innen stehende Seitentriebe umlenken. Die Gerüsttriebe werden dadurch dicker und stabiler. Gleichzei-tig erhalten die anderen mehr Licht und bestocken sich gleichmäßiger. Lenken Sie überstehende waa-gerechte Triebe ebenfalls auf aufrecht wachsende Seitentrie-be um. So erhalten Sie die typi-sche Figur auch bei alten Säulen.

Rosen – edle Blütenpracht

Rosen sind die »Königinnen« unter den Blütensträuchern. Sie blühen überreich, öfterblühende Sorten sogar bis in den Herbst. Ob Sie sich für charmante Alte Rosen oder edle moderne Züchtungen entscheiden – mit dem richtigen Schnitt verwandeln Sie Ihren Garten in eine romantische Oase.

Bei der Auswahl von Rosen (*Rosa*-Arten) sollten Sie nicht nur auf offensichtliche Merkmale wie Farbe, Blühwilligkeit und Duft achten, sondern auch darauf, dass sie gegen Krankheiten robust sind. Ein Garant dafür und deshalb eine Hilfe bei der Wahl ist das Gütesiegel »ADR-Rose«. Es kennzeichnet Sorten, die sich aus der Masse der Neuzüchtungen in dieser Hinsicht positiv abheben. Egal, zu welcher Gruppe eine Rose gehört, der Schnitt fördert ihre Schönheit: Er lässt einmal blühende Rosen im folgenden Jahr üppig blühen und

verhilft öfterblühenden zu einer reichen zweiten Blüte. Strauchrosen bringt er in Form, und Kletterrosen lenkt er in die gewünschte Richtung.

Grundregeln für den Rosenschnitt

Für alle Rosensorten gelten folgende Grundregeln:
- Schneiden Sie erst kurz vor dem Austrieb, in wärmeren Klimazonen also ab Anfang, in kälteren ab Ende März. Wenn Sie im Herbst oder Winter schneiden, treiben die Knospen bei mildem Wetter an und sind dann frostempfindlich.
- Entfernen Sie vergreiste, abgestorbene oder kranke Triebe. Räumen Sie krankes Laub ab.
- Schneiden Sie grundsätzlich direkt über einer Knospe (→ Seite 30).

- Schwachwüchsige Rosen benötigen einen stärkeren Schnitt als starkwüchsige.
- Aufrechte, hohe Sorten lichten Sie stärker bodennah aus als überhängende.
- Bei Edel- und Beetrosen kürzen Sie jedes Frühjahr ältere und junge Triebe ein.
- Öfterblühende Rosen blühen an ein- und diesjährigen Trieben. Sie brauchen im Frühjahr einen kräftigen Schnitt, damit sie nach der Erstblüte noch genug Kraft zum Wachsen und für die Nachblüte besitzen.
- Einmalblühende Rosen blühen vor allem an einjährigen Trieben. Wenn Sie direkt nach der Blüte schneiden, müssen Sie allerdings auf Hagebuttenschmuck im Herbst verzichten.
- Kletterrosen formieren Sie beim Schnitt an der Rankhilfe.

Wenn Sie beim Rosenschnitt einige Grundregeln beachten, ist Ihnen üppige Blütenfülle garantiert.

Pflegeschnitt für alle Rosen

Rosen danken eine kontinuierliche Pflege. Dabei spielt der Schnitt eine wichtige Rolle – durch ihn bleiben Rosen gesund und vital. Bei öfterblühenden Sorten fördert er zudem eine reiche Sommerblüte.

Unabhängig vom spezifischen Schnitt für die einzelnen Gruppen gelten bestimmte Schnittregeln für fast alle Rosensorten. Ausnahmen bilden nur einige unveredelte Wildrosen. Die meisten Pflegeschnitte können Sie, wenn es nötig ist, in der gesamten Vegetationsperiode durchführen. Sie garantieren nicht nur optimale Blütenfülle, sondern erhalten Wuchskraft und Gesundheit.

Wildtriebe entfernen

Die allermeisten Rosen sind auf den Wurzelstock einer Wildrose veredelt. Achten Sie beim Pflanzen unbedingt darauf, dass die Veredelungsstelle in der Erde liegt. Dadurch entstehen weniger Wildtriebe und der Saftdruck fördert die Edelsorte.

Aus der Unterlage können sich von Zeit zu Zeit Wildtriebe entwickeln. Sie erkennen sie an den Blättern, die sich von denen der Edelsorte unterscheiden. Legen Sie den Wildtrieb schon im ersten Sommer mit einem Spaten frei, um zu sehen, wo er an der Wurzel entspringt, und reißen Sie den noch grünen Trieb direkt an der Wurzel aus.

Wenn Sie solche Triebe lediglich am Boden abschneiden, würde der verbliebene Zapfen erst recht zum Wachsen angeregt. Bereits verholzte Wildtriebe entfernt man im Frühjahr direkt an der freigelegten Wurzel. Bei Hochstammrosen sitzt die Veredelungsstelle in Kronenhöhe. Zeigen sich am Stamm Wildtriebe, reißen Sie sie ab, solange sie noch unverholzt sind. Verholzte Wildtriebe schneiden Sie dagegen mit einer Gartenschere.

Verblühtes entfernen

Bei öfterblühenden Rosen sollten Sie regelmäßig Verblühtes entfernen, weil die Rosen sonst Hagebutten ansetzen und an Kraft für die Nachblüte verlieren. Stehen bei einer Sorte die Blüten in Büscheln zusammen, warten Sie mit dem Schnitt, bis der ganze Blütenstand verblüht ist, oder entfernen die Blüten einzeln. Schneiden Sie jeweils bis zum obersten voll entwickelten Blatt zurück.

Bei einmalblühenden Rosen brauchen Sie Verblühtes nicht extra zu entfernen, weil bei ihnen nach der Blüte ganze Triebe zurückgeschnitten werden.

Kranke Pflanzenteile entfernen

Wenn Sie im Sommer kranke Triebe oder Blätter mit Pilzbefall an Ihrer Rose entdecken, sollten Sie diese sofort entfernen. Meist handelt es sich um Sternrußtau, Mehltau oder Rosenrost. Wenn Sie diese Triebe

---

Praxisinfo

PFLEGE RUND UMS JAHR

- **Ganzjährig:** Wildtriebe entfernen
- **Frühjahr:** Rückschnitt von öfterblühenden Sorten; geschädigtes Holz entfernen; düngen
- **Frühsommer:** einmalblühende Sorten nach der Blüte schneiden; **Sommer:** verblühtes sowie kranke Triebe und Blätter entfernen, öfterblühende Sorten nachdüngen
- **Herbst:** nicht schneiden, nur störende Triebe entfernen
- **Winter:** Anhäufeln oder Tannenreisig schützt vor Frost

nicht ausschneiden, breitet sich die Krankheit weiter aus. Um Ansteckung zu vermeiden, sollten Sie krankes Laub nie auf den Kompost, sondern in die Mülltonne werfen oder verbrennen. Meist sind schwachwüchsige Triebe pilzanfälliger als kräftige. Deshalb ist ein regelmäßiger Pflegeschnitt im Frühjahr wichtig. Er stärkt die Vitalität, die Rosen bleiben robuster gegenüber Krankheiten. Vom Regen braun gewordene Blütenknospen entfernen Sie ebenfalls, in aller Regel entfalten sie sich nicht mehr.

Totholz entfernen

Rosentriebe sind in unserem Klima nur ein paar Jahre lebensfähig, dann vergreisen sie und sterben ab. Schon vorher erfrieren jeden Winter einzelne Triebe. Pflanzen Sie Rosen deshalb ans Haus oder an andere geschützte Stellen, dann bleiben die Triebe länger vital. Entdecken Sie beim Schnitt im Frühjahr, dass ein Trieb ganz eingetrocknet ist, kürzen Sie ihn bis in das gesunde Holz ein. Manchmal wird erst beim Austrieb im April sichtbar, dass ein bisher vital aussehender Trieb geschädigt ist und deshalb kaum noch wächst. Entfernen Sie auch solche Triebe. Achten Sie insbesondere darauf, dass Sie so weit ins Mark des Triebs zurückschneiden, bis dieses wieder hell gefärbt ist. Ist das Mark bräunlich, ist dies ein Zeichen für Frostschäden, auch wenn Sie äußerlich am Holz noch nichts Auffälliges entdecken.

1 Wildtriebe entfernen
Wachsen Wildtriebe aus der Wurzel, reißen Sie sie bereits im Sommer der Entstehung in noch grünem Zustand aus. Verholzte Triebe schneiden Sie ab. Zuvor den Triebansatz mit einem Spaten freilegen.

2 Verblühtes entfernen
Bei öfterblühenden Rosen entfernen Sie regelmäßig alles Verblühte. Schneiden Sie bis zum obersten voll entwickelten Laubblatt zurück. So geht keine Kraft durch die Hagebuttenbildung verloren.

3 Krankes Laub entfernen
Entfernen Sie den Sommer über krankes Laub sofort. Sie beugen so Pilzkrankheiten vor. Kompostieren Sie krankes Laub nicht, sondern entsorgen es anderweitig.

4 Totholz entfernen
Frostgeschädigte Triebe zeigen sich oft erst beim Austrieb im April. Schneiden Sie solche Triebe bis in das gesunde Holz zurück. Sie erkennen es am hellen Mark.

Edelrosen, Beetrosen, Zwerg-rosen und Stammrosen

Edel-, Beet- und Zwergrosen sind die Stars im sommerlichen Garten. Sie tragen von Frühsommer bis zum Frost mal pastellartige, mal intensiv gefärbte Blüten. Alle lassen sich auf Hochstämmchen veredeln.

Edel- und Beetrosen
Kürzen Sie im Frühjahr zuerst ältere, vergreiste und kranke Triebe nahe am Boden auf kleine Zapfen ein. Kräftige, vitale Jungtriebe kürzen Sie dann auf vier bis sechs, schwächere auf drei bis fünf Knospen ein.

Meist sind Edel-, Beet- und Zwergrosen öfterblühend. Damit sich die Blütenpracht voll entfaltet, sollten Sie folgende Grundsätze beachten:

- Wählen Sie robuste, blühwillige Sorten und kaufen Sie nur kräftige Pflanzen, aus deren Veredelungsstelle mehrere Triebe wachsen. Setzen Sie die Veredelungsstelle 5 cm tief in die Erde, damit sie nicht eintrocknet.
- Im Frühjahr sollten Sie erst schneiden, wenn keine starken Fröste mehr drohen. Ältere Triebe lichten Sie bodeneben aus, damit junge Triebe direkt aus der Wurzel nachwachsen.

Lassen Sie aber einen 5 cm langen Zapfen stehen. Dies verhindert, dass die Schnittstelle bis in die Veredelungsstelle eintrocknet. Außerdem wird so der Neuaustrieb gefördert.

- Bei öfterblühenden Rosen fällt die Erstblüte reichlich aus, wenn man zurückhaltend schneidet, dafür ist die Nachblüte geringer. Schneiden Sie stark, bleiben weniger Knospen für die Erstblüte, dafür hat die Pflanze mehr Kraft für eine schöne Sommerblüte.
- Edel- und Zwergrosen brauchen einen stärkeren Schnitt, bei Beetrosen reicht ein schwächerer. Bei Stammrosen richtet sich der Schnitt nach der Art, die auf den Stamm veredelt wurde.

Edel- und Beetrosen

Bei Edelrosen entfernen Sie im Frühjahr ältere oder vergreiste Triebe nahe am Boden, um bodenbürtige Neutriebe aus der Veredelungsstelle anzuregen. Lassen Sie zur Austriebsförderung kleine Zapfen stehen. Sind sie später eingetrocknet, entfernt man sie. Kräftige ein- und zweijährige Triebe, die man an der grünen Rinde erkennt, kürzen Sie auf vier bis sechs, schwächere auf drei bis fünf Knospen ein. Bei Beetrosen kürzen Sie ebenfalls zuerst ältere Bodentriebe auf kleine Zapfen ein. Dann schneiden Sie kräftige Triebe um die Hälfte, schwache um

---

Praxisinfo

ROSENGRUPPEN UNTERSCHEIDEN

- **Zwergrosen:** kleine Sträucher, meist 30–40 cm hoch
- **Flächenrosen:** meist langtriebig, überhängende Triebe
- **Beetrosen** (Polyantha-Rosen): kompakter Wuchs, bis 80 cm hoch, mehrere Blüten pro Stiel
- **Edelrosen:** steife, aufrechte, bis 1 m hohe Triebe, meist eine Blüte pro Stiel, konstante Pflege wichtig
- **Stammrosen:** auf Wildrosen-Stämme veredelt, Stammhöhe meist ca. 1 m, Trauerstämme bis 2 m

Zwergrosen
Bei Zwergrosen kürzen Sie der Einfachheit halber den ganzen Strauch auf 10–15 cm ein. Erst dann lichten Sie aus der jetzt übersichtlichen Pflanze ältere oder kranke Triebe nahe am Boden aus.

Flächenrosen
Kürzen Sie zuerst das entstandene Triebgewirr einheitlich auf 30 cm ein. Dadurch wird die Pflanze übersichtlicher, und Sie können vergreiste Triebe leichter erkennen und an der Basis entfernen.

Hochstämmchen
Lassen Sie bei Hochstämmchen ein kleines Triebgerüst stehen. je nach Edelsorte variiert die Länge des Gerüsts. Wildtriebe am Stamm oder aus der Wurzel entfernen Sie den ganzen Sommer hindurch.

zwei Drittel zurück. Deren Seitentriebe werden auf zwei Knospen eingekürzt. Stark wachsende Sorten kürzt man weniger ein als schwach wachsende.

Zwergrosen

Ein regelmäßiger und kräftiger Schnitt im Frühjahr fördert den schwachen Wuchs dieser Rosen. Doch der Schnitt im feinen Triebgewirr ist mühsam. Kürzen Sie Zwergrosen deshalb gleichmäßig auf 10 cm ein, kräftige auf 15 cm. Schneiden Sie so, dass die mittleren Triebe etwas höher bleiben als die äußeren. So bekommt die Pflanze eine harmonische Form. Bei Bedarf können Sie dann vergreiste, schwache oder kranke Triebe leichter entfernen. Belassen Sie auch hier kleine Zapfen.

Flächenrosen

Flächenrosen – fälschlicherweise auch Bodendeckerrosen genannt – wachsen wie kleine Strauchrosen, bilden aber lange, überhängende Triebe. Schneiden Sie diese Triebe im Frühjahr auf 30 cm zurück. Kürzen Sie dann in der jetzt übersichtlichen Rose kranke und schwache Triebe auf kleine Zapfen in Bodennähe ein.

Stammrosen

Geben Sie Stammrosen einen stabilen Stützpfahl, an dem Sie den Stamm mehrmals und die Krone mindestens einmal befestigen. Die Krone bricht sonst unter ihrem Eigengewicht ab. Bei Hochstämmchen hängt die Schnittstärke davon ab, welche Rosenart auf den Stamm ver-

edelt wurde. Vermeiden Sie in jedem Fall Schnittwunden am Kronenansatz. Sie trocknen zu weit in die Veredelungsstelle ein. Kürzen Sie schwache oder ältere Triebe bis auf zwei Knospen vor der Veredelungsstelle ein. Dann kürzen Sie kräftige einjährige Triebe bei Edelrosen auf drei bis fünf, bei Beet- und Zwergrosen auf fünf bis sieben Knospen ein. Etwa sieben solcher gleichmäßig verteilten Triebe reichen für eine dichte Krone.
Trauerstämmchen sowie Veredelungen mit einmalblühenden Kletterrosen schneiden Sie nach der Blüte und kürzen auf Zapfen mit drei Knospen ein. Veredelungen mit öfterblühenden Kletterrosen schneidet man genauso wie Kletterrosen (→ Seite 82/83).

— 1. Schritt   — 2. Schritt   — 3. Schritt

Strauchrosen: von filigran bis üppig

Ob Wildrosen, Alte Rosen, Nostalgierosen oder Moderne Rosen – Strauchrosen bezaubern mit einer unerschöpflichen Vielfalt an Farben, Blütenformen und Düften. Im Herbst bestechen Wildrosen mit einem Feuerwerk aus attraktiven Hagebutten.

Weil viele Strauchrosen mit der Zeit an der Basis verkahlen, pflanzen Sie sie am besten in den Beethintergrund und verdecken ihre Basis durch Stauden. Im Winter und Frühjahr wirken sie deshalb staksig. Stellen Sie ihnen für diese Zeiten wintergrüne oder früh blühende Sträucher zur Seite. Der richtige Schnitt hilft, starkes Verkahlen zu vermeiden.

Leitfaden für den Schnitt

■ Moderne Strauchrosen sind öfterblühend und bauen ein mehrjähriges Gerüst auf. Spätestens nach fünf Jahren sollten die Triebe nahe am Boden ausgetauscht werden. Ein intensiver Schnitt fördert die Nachblüte im Sommer.

■ Auch einige Alte Rosen sowie fast alle Englischen und Nostalgierosen sind öfterblühend. Man schneidet sie wie Moderne Strauchrosen, allerdings etwas zurückhaltender, weil sie längere Triebe und meist überhängende Formen entwickeln.

■ Einmalblühende Rosen, zu denen die Wildrosen gehören, blühen vor allem an einjährigen Trieben. Sie werden ähn-

Öfterblühende Strauchrosen
Lichten Sie vergreiste Gerüsttriebe bodennah aus. Belassen Sie fünf bis acht kräftige. Diese kürzen Sie um die Hälfte bis zwei Drittel ein. Seitentriebe schneidet man auf Zapfen zurück.

Einmalblühende Strauchrosen
Lichten Sie diese Sorten – ähnlich der Forsythie – nach der Blüte aus. Kürzen Sie einjährige Langtriebe nicht ein. Sie sind besonders wertvoll, da sie sich verzweigen und im nächsten Jahr blühen.

Wildrosen
Wildrosen schneiden Sie nach der Blüte. Um eine natürliche Form zu erhalten, schneidet man sie zurückhaltender als andere Strauchrosen. Kürzen Sie Jungtriebe nie ein.

— 1. Schritt   — 2. Schritt   — 3. Schritt

lich wie die Forsythie geschnitten (→ Seite 52/53), am besten nach der Blüte. Eine Ausnahme sind die wenigen Sorten, die im Hochsommer an diesjährigen Trieben blühen und im Frühjahr geschnitten werden. Ein Pflegeschnitt im Frühjahr ist jedoch bei allen Sorten angebracht (→ Seite 76).

■ Einige Wildrosen entwickeln sehr starke, hohe, von unten verkahlende Gerüsttriebe (z. B. **Mandarin-Rose** *Rosa moyesii*). Diese sollten Sie im Frühjahr bodeneben entfernen, auch wenn sie noch vital sind. So halten Sie den Strauch kompakt und doch locker.

■ Bei wenigen Wildrosen ist die Blattfarbe oder die Form der Stacheln sehr dekorativ. Lichten Sie diese Rosen im Frühjahr stärker aus als andere Wildrosen. So regen Sie die Bildung intensiv gefärbter Blätter oder schön bestachelter Jungtriebe an. Zu ihnen zählen die **Blaue Hechtrose** (*R. glauca*: bläulichgrün bereifte Blätter) und die **Stacheldraht-Rose** (*R. sericea* ssp. *omeiensis pteracantha*: große, rote, flügelartige Stacheln).

Öfterblühende Strauchrosen

Bei diesen Rosensorten erscheinen die Blüten sowohl an ein- als auch diesjährigen Trieben. Kürzen Sie, im Gegensatz zu einmalblühenden, im Frühjahr das einjährige Holz stark ein. Lichten Sie vergreiste Triebe bodennah bis auf kurze Zapfen (→ Seite 77) aus und lassen Sie fünf bis acht kräftige Gerüst-

---

Praxisinfo

LANGTRIEBIGE ENGLISCHE ROSEN

Manche Sorten der Englischen Rosen ('Gertrude Jekyll', 'Graham Thomas', 'Crown Princess Margaret') bilden oft überlange Triebe, die den klassischen Strauchaufbau behindern und die seine Form zerstören.

Wenn Sie diese Triebe einkürzen, treiben sie wenige und lange Triebe nach. Sie verhalten sich also eher wie Kletterrosen und eignen sich deshalb vor allem für eine Erziehung an Rankhilfen. Binden Sie die Triebe wie bei Kletterrosen flach an (→ Seite 83).

---

triebe stehen. Kürzen Sie diese etwa auf die Hälfte ein, schwache Triebe sogar auf ein Drittel. Äußere Gerüsttriebe schneiden Sie kürzer als die Mitte. Die Seitentriebe der Gerüsttriebe kürzen Sie auf Zapfen ein – in der oberen Gerüsthälfte auf kurze, in der unteren auf etwa 10 cm lange Zapfen.

Einmalblühende Strauchrosen

Diese Rosen blühen vor allem an einjährigen Trieben. Ohne jährlichen Schnitt verkahlen sie an der Basis, zudem entwickeln sie ein Gewirr aus vergreisenden Trieben. Tote und kranke Triebe entfernen Sie im Frühjahr beim Austrieb, dann sind sie gut zu erkennen. Lichten Sie nach der Blüte alle Triebe bodennah aus, die älter als vier bis fünf Jahre sind. Die verbliebenen Triebe verschlanken Sie an den Enden. Kürzen Sie auf keinen Fall einjährige Bodentriebe und Seitentriebe ein. Sehr lange Triebe können Sie flach biegen, damit sie auf ganzer Länge austreiben

(→ Seite 82/83). So wird die Strauchform übersichtlich und das Blütenholz vital.

Wildrosen

Wildrosen blühen am schönsten an einjährigen, 5–50 cm langen Seitentrieben zweijähriger und älterer Triebe. Lichten Sie Wildrosen regelmäßig direkt nach der Blüte aus. Ein Bodentrieb bleibt etwa sechs Jahre vital, dann wird er durch einen bodenbürtigen einjährigen Trieb ersetzt, der nicht eingekürzt werden darf. Er setzt gleichmäßig Seitentriebe an, die im nächsten Jahr blühen. Verschlanken Sie anschließend die Spitzen zwei- bis dreijähriger Triebe. Ältere Besen lenken Sie auf einen tiefer stehenden Jungtrieb am Gerüst um. Wurde ein Strauch Jahre nicht geschnitten und hat sich ein Dickicht aus toten und vergreisten Trieben gebildet, schneiden Sie ihn bodeneben ab. Ziehen Sie in den nächsten Jahren bis zu zehn neue Triebe nach und schneiden Sie dann regelmäßig.

Kletterrosen: Blüten für Wände und Pergolen

Kletterrosen sind Meister an Wuchskraft und Blütenfülle. Sie umhüllen Lauben mit Duftwolken oder überziehen Hauswände, Pergolen und Rankgerüste. Und sie klettern in alte Bäume und schmücken diese mit ihren Blütenkaskaden.

Kletterrosen halten sich nicht wie andere Kletterer mit Haftorganen an der Unterlage fest. Sie spreizen vielmehr ihre Seitentriebe beim Wachsen auseinander, deshalb nennt man sie »Spreizklimmer«. So verhaken sie sich in anderen Gehölzen oder Gerüsten. Für die Pflege ist es besser, wenn Sie die Triebe nicht in Rankhilfen einflechten, sondern sie nur von außen anbinden. Beim Schnitt ist es dann leicht, sie zu lösen und danach neu zu formieren.

Rambler und Climber

Kletterrosen teilt man je nach Wuchsverhalten in zwei Klassen ein: Die meisten einmalblühenden Kletterrosen gehören zu den »Ramblerrosen«. Sie wachsen sehr stark (z. B. 'Bobby James', 'Veilchenblau') und besitzen bis zu 7 m lange, biegsame Triebe. Ihre kleinen Blüten stehen in dichten Büscheln. Viele Sorten bilden im Herbst dekorative Hagebutten. Einige moderne Rambler sind sogar öfterblühend und wachsen schwächer (z. B. 'Super Excelsa').

Zu den »Climbern« zählen die meisten modernen, öfterblühenden Kletterrosen. Sie bilden kräftige, sparrige Triebe aus und werden bis zu 4 m hoch. Einige Sorten wie die bekannte 'New Dawn' besitzen abweichend davon biegsame Triebe. Die Blüten von Climbern sind meist größer als die der Ramblerrosen.

Einmalblühende Kletterrosen

Diese Rosensorten blühen vor allem am einjährigen Holz. Schneiden Sie deshalb nach der Blüte. Im Frühjahr entfernen Sie lediglich krankes und totes Holz. Nach der Blüte lichten Sie zuerst ein Fünftel der alten und vergreisten Gerüsttriebe bodennah auf kleine Zapfen (→ Seite 78) aus, um das Wachstum bodenbürtiger Triebe anzuregen. So erhalten Sie ein Triebgerüst aus verschiedenen Altersstufen. Gerüsttriebe, die nur an der Spitze vergreist sind, lenken Sie auf weiter innen stehende junge Seitentriebe um.

Sehr starkwüchsige Rambler bilden ein so dichtes Triebgewirr, dass ein jährlicher Schnitt zu aufwändig wird. Verjüngen Sie solche Sorten alle fünf Jahre massiv, indem Sie alle alten Gerüsttriebe und Besen entfernen. Schonen Sie dabei bodennahe Jungtriebe. Im Extremfall können Sie solche Rosen auch nach der Blüte vollständig »auf den Stock« setzen (→ Seite 51).

Praxisinfo

BIEGEN BRINGT BLÜTEN

Lange senkrechte Triebe von Kletterrosen bleiben im unteren Bereich kahl, sie treiben und blühen nur oben.

- Sobald Sie die Triebe biegen, lenken Sie den nach oben strebenden Saftdruck um und verteilen ihn mit gleichmäßigem Druck auf die ganze Trieblänge (→ Seite 12). So bilden die vorhandenen Knospen mehr Blüten.

- Binden Sie gut versorgte Jungtriebe im unteren Teil der Kletterhilfe waagerecht fest, ältere Triebe im oberen.

Einmalblühende Kletterrosen
Der Hauptschnitt erfolgt nach der Blüte. Entfernen Sie zunächst vergreiste Gerüsttriebe bodennah. Sind nur die oberen Triebteile überaltert, lenken Sie diese auf weiter innen stehende, junge Seitentriebe um.

Das Biegen von Kletterrosen
Zur Blütenförderung binden Sie die verbliebenen Triebe waagerecht an – unabhängig davon, wie oft die Rose blüht. Flechten Sie Triebe nie in die Rankhilfe ein. Es würde den Schnitt nur unnötig erschweren.

Öfterblühende Kletterrosen
Kürzen Sie vergreiste Gerüsttriebe bodennah auf Zapfen ein. Die verbliebenen Gerüsttriebe verteilen Sie gleichmäßig an der Kletterhilfe. Bereits abgeblühte Seitentriebe kürzen Sie auf zwei Knospen ein.

Verteilen Sie die verbliebenen Triebe nach dem Schnitt gleichmäßig und flach an der Rankhilfe in einem Abstand von mindestens 30 cm und binden Sie sie fest (→ Abb. 2). Wüchsige Jungtriebe befestigen Sie im unteren Bereich, ältere und schwächere weiter oben und damit steiler (→ Seite 12, Saftdruck). Verwenden Sie zum Binden keinen nackten Draht. Er schneidet ins Holz ein und führt zu Verletzungen. Ummantelter Draht oder Weidenruten eignen sich besser. An Pfosten oder Obelisken hochwachsende Kletterrosen leiten Sie spiralförmig nach oben. Weil die Triebe hier ebenfalls flach zu liegen kommen, treiben sie nun auch unten bereitwillig und zuverlässig aus.

Öfterblühende Kletterrosen

Öfterblühende Kletterrosen bilden die Erstblüte an ein- und mehrjährigen Trieben, die Nachblüte entsteht an diesjährigen. Lösen Sie vor dem Schnitt die Befestigungen und nehmen Sie die zu schneidenden Triebteile zur Arbeitserleichterung von der Rankhilfe ab. Schneiden Sie im Frühjahr zuerst vergreiste oder kranke Gerüsttriebe bodennah auf Zapfen zurück. Binden Sie dann einjährige Triebe im unteren Bereich flach an die Kletterhilfe. So wird ihr Wachstum beruhigt, und sie bilden auf der ganzen Länge Triebe und Blüten, die bei senkrechten nur an den Triebspitzen entstehen würden. Kürzen Sie einjährige Bodentriebe nur ein, wenn sie das Klettergerüst überragen. Mehrjährige Gerüsttriebe sind bereits mit abgeblühten Seitentrieben besetzt. Kürzen Sie diese auf zwei Knospen ein. So bleiben Gerüsttriebe bis zu sieben Jahre vital. Lässt die Blütenbildung im äußeren Bereich der Gerüsttriebe nach, lenken Sie auf einen innen stehenden Jungtrieb um und binden ihn als neue Fortsetzung ein.

— 1. Schritt — 2. Schritt — 3. Schritt

Kletterpflanzen

Je weniger Platz im Garten vorhanden ist, umso mehr werden Kletterpflanzen geschätzt. Die in Gestalt, Größe und Blüte sehr vielseitigen Pflanzen verschönern Wände, überwuchern Pergolen und Rankgerüste und versehen Schuppen und Gartenhäuschen mit einem grünen Vorhang.

Kletterpflanzen dekorieren nicht nur Wände, sie eignen sich auch als Sichtschutz oder Raumteiler im Garten. Ihr Vorteil gegenüber Hecken: Sie benötigen weniger Platz. Größe und Form geben Sie mit Rankhilfen vor, die Begrünung übernimmt die Pflanze. Die Palette an Kletterpflanzen ist so groß, dass Sie für jeden Standort eine geeignete finden.

Klettern mit Methode

Kletterpflanzen nutzen unterschiedliche Möglichkeiten, um in die Höhe zu gelangen.

■ Zu den Spreizklimmern gehören die Kletterrosen (→ Seite 82/83). Sie halten sich mit ihren gespreizten Seitenästen fest.
■ Selbsthafter wie Efeu und Kletterhortensien entwickeln Haftwurzeln, mit denen sie sich am Untergrund festhalten. Diese Wurzeln haben nichts mit den Bodenwurzeln gemeinsam. Wilder Wein dagegen entwickelt Haftscheiben am Ende kleiner Seitensprosse. Sowohl Haftwurzeln als auch Haftscheiben leben nur einige Wochen und verholzen dann, ohne ihre Funktion zu verlieren.
■ Schlinger winden ihre Triebe um die Unterlage und halten sich so fest. Die Rankhilfe sollte nicht zu dick sein, sonst kann sie die Pflanze nicht umwachsen. Während bei den meisten Schlingern die Kletter-

hilfe das Gewicht halten muss, bilden einige Arten dicke Gerüsttriebe und tragen so einen Teil ihres Gewichtes selbst. Wenn Sie die Gerüsttriebe regelmäßig von der Halterung lösen und anschließend daran anbinden, können Sie die Pflanze jederzeit problemlos abnehmen, um an der Hauswand oder der Pergola zu arbeiten. Zu den Schlingern gehören Blauregen, Geißblatt, Pfeifenwinde, Schlangenwein und Schlingknöterich.
■ Ranker entwickeln an den Enden ihrer Triebe oder Blätter kleine Ranken, mit denen sie sich an der Kletterhilfe festhalten. Diese sollte möglichst dünn sein. Nur junge Ranken besitzen die Fähigkeit zu »greifen«. Später verholzen sie und können sich, einmal losgelöst, nicht mehr verankern.

Kletterhortensie (rechts) und Wilder Wein (links) sorgen ganz ohne Rankhilfe für grüne und blühende Wände.

Clematis: bunte Blütenkaskaden

Clematis zählen zu den beliebtesten Kletterpflanzen. Je nach Sorte und Art blühen sie von Frühjahr bis Herbst und decken fast die gesamte Farbpalette ab. Sie lieben es, wenn ihr »Fuß« im Kühlen steht und sich ihre Blüten in die Sonne recken können.

Clematis (*Clematis*-Arten) sind Gehölze für kühle Standorte mit sommerfeuchtem, humosem Boden. Sie brauchen eine dünne Rankhilfe, da sich die feinen Ranken sonst nicht festklammern können und ab-

rutschen. Die meisten Clematis sind sommergrün. Die wenigen wintergrünen sind nur in warmen Klimazonen winterhart. Mit durchdachter Sortenwahl haben Sie von März bis Oktober blühende Clematis.

So pflegen Sie Clematis

- Clematis bilden ein dichtes Triebgeflecht. Man schneidet die Triebe deshalb in Bündeln auf einer Höhe ab. Nur bei jungen großblumigen Sorten mit wenigen Trieben schneidet man die Triebe einzeln.
- Verholzte Triebe brechen leicht. Formieren Sie deshalb nur grüne Triebe im Sommer.
- Bergwaldrebe und Verwandte sind Frühjahrsblüher und brauchen nur selten einen Schnitt.
- Die meisten Clematis sind Frühsommer- oder Sommerblüher. Schneiden Sie sie im Frühjahr direkt vor dem Austrieb, aber erst, wenn keine starken Fröste mehr drohen.
- Die Basis der Clematis sollte durch andere Pflanzen oder

Pflanzschnitt
Beim Pflanzen sollte das unterste Knospenpaar in der Erde liegen. Schneiden Sie danach die Triebe bis auf das erste sichtbare Knospenpaar über der Erde zurück. So verzweigt sich die Pflanze gut.

Frühjahrsblüher
Frühjahrsblühende Clematis werden nur bei Bedarf direkt nach der Blüte geschnitten. Schneiden Sie also eine Pflanze erst dann auf etwa die Hälfte zurück, wenn sie vergreist oder verkahlt.

Frühsommerblüher
Die meisten großblumigen Hybriden tragen die Hauptblüte an einjährigen Trieben. Schneiden Sie jedes Frühjahr vor dem Austrieb die Pflanze um mindestens ein Viertel zurück.

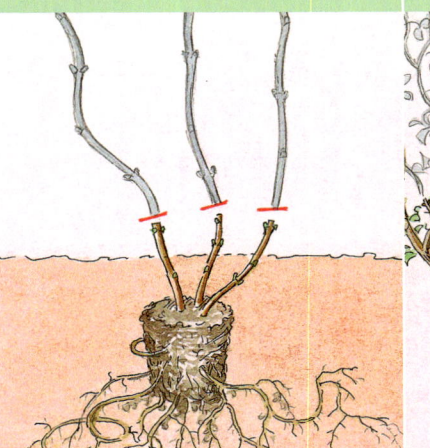

Steine schattiert werden, damit der Wurzelbereich vor Hitze geschützt ist und nicht austrocknet.

■ Welken im Sommer Triebe, liegt dies oft an der Clematiswelke, einer Pilzkrankheit. Sie wird durch Hitze oder Trockenheit gefördert. Entfernen Sie befallene Triebe sofort am Boden.

Pflanzschnitt

Setzen Sie die Pflanze so ein, dass das unterste Knospenpaar im Boden liegt. Bricht nämlich ein Trieb ab oder erfriert er, treiben diese Knospen zuverlässig aus. Kürzen Sie nach der Pflanzung alle Triebe bis auf ein Knospenpaar über dem Boden ein. So fördern Sie die Verzweigung, die Pflanze verkahlt nicht.

Sommerblüher
Da im Sommer blühende Clematis ausschließlich an diesjährigen Trieben blühen, kürzen Sie diese jedes Frühjahr auf mindestens 50 cm ein. Dadurch bleiben sie wüchsig und blühen reich.

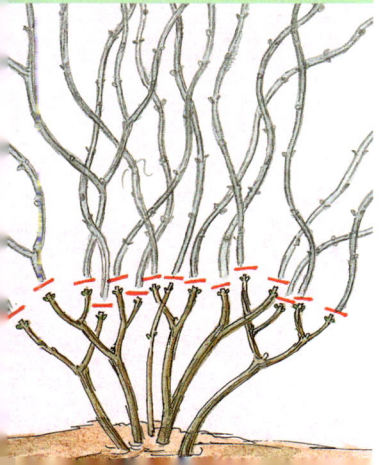

| 1. Schritt | 2. Schritt | 3. Schritt |

> **Praxisinfo**
>
> ### CLEMATIS VERJÜNGEN
>
> Clematis verkahlen oft an der Basis und bilden am Kopf ein dichtes Triebgewirr. Nur selten bilden sich von sich aus neue bodenbürtige Triebe.
>
> ■ Verjüngen Sie solche Pflanzen durch einen massiven Rückschnitt in das alte Holz. Aus den schlafenden Knospen unter der Rinde oder im Boden entstehen dann im Frühjahr neue Triebe.
>
> ■ Selbst alte Triebe, die bis zum Boden zurücktrocknen, bilden im folgenden Jahr noch bodenbürtige Jungtriebe.

Frühjahrsblüher

Die **Bergwaldrebe** (*C. montana*) blüht im Frühjahr an einjährigen Trieben. Sie bleibt über Jahre wüchsig. Wird sie zu groß oder vergreist, schneiden Sie sie nach der Blüte auf die Hälfte zurück. Ältere Triebe können in der Folge zwar bis zum Boden zurücktrocknen, aber es entstehen im selben oder folgenden Jahr neue Bodentriebe. Zu dieser Gruppe gehören einige immergrüne, wärmeliebende Sorten wie **Armands Waldrebe** (*C. armandii*), die **Mittelmeer-Waldrebe** (*C. cirrhosa*) sowie *C. alpina*, *C. macropetala* und einige früh blühende Hybriden wie 'Nelly Moser'.

Frühsommerblüher

Sie blühen ab Juni an einjährigen Trieben. Eine schwächere Nachblüte erscheint im Hochsommer am diesjährigen Zuwachs. Ein Schnitt nach der Blüte ist nicht sinnvoll, da sich mit den ersten Blüten bereits neue Triebe gebildet haben. Schneiden Sie deshalb im Früh-

jahr vor dem Austrieb. Entfernen Sie dabei abgestorbene Triebe ganz und kürzen Sie starke Pflanzen um ein Viertel, schwache um ein Drittel ein. Stufen Sie die Triebe in der Höhe etwas ab, so erreichen Sie, dass sich die Blüten natürlich verteilen. Zu den Frühsommerblühern gehören *C. tangutica* und großblumige Hybriden wie 'Dr. Ruppel', 'Königskind', 'Lasurstern', 'Madame Le Coultre', 'Multi Blue' und 'Vyvyan Penell'.

Sommerblüher

Diese Gruppe blüht ausschließlich an diesjährigen Trieben. Schneiden Sie deshalb jährlich im Frühjahr vor dem Austrieb die ganze Pflanze auf 30–50 cm zurück. Nur durch einen starker Schnitt wird sie bis in den Herbst Blüten tragen. Zu ihnen zählen *C. orientalis*, *C. texensis*, *C. viticella* und *C. jackmanii* mit bekannten Sorten wie 'Etoile Violette', 'Hagley Hybrid', 'Huldine', 'Mme Julia Correvon', 'Niobe', 'Rouge Cardinal' und 'Ville de Lyon'.

Blauregen: Blüten-trauben im Überfluss

Blauregen, auch Glyzine genannt, ist ein Sonnen-kind: Je wärmer er steht, umso williger blüht er. Neben blauen gibt es rosa und weiße Sorten, die zum Teil herrlich duften. Die langlebigen, wüchsigen Triebe können große Flächen bedecken.

Blauregen (*Wisteria*-Arten) blüht im Frühjahr an ein- bis mehrjährigen Kurztrieben. Der **Chinesische Blauregen** *(W. sinensis)* ist der häufigste. Er windet sich von oben betrachtet entgegen dem Uhrzeigersinn und blüht ab Mai, noch vor dem Blattaustrieb, mit bis zu 30 cm langen Blütentrauben. In manchen Jahren erscheinen Nachblüten im Sommer. Der **Japanische Blauregen** *(W. floribunda)* windet sich dagegen im Uhrzeigersinn, ist also rechtsdrehend.

Er blüht ab Ende Mai mit etwa 50 cm langen Trauben. Zeitgleich treiben die Blätter aus. Blauregen blüht erst einige Jahre nach dem Pflanzen. Damit er zuverlässig Blüten ansetzt, muss man seine enorme Wüchsigkeit bremsen. Hilfreich ist ein regelmäßiger Sommerschnitt (→ Seite 21), der das Wachstum beruhigt. Der Frühjahrsschnitt dient dagegen vor allem der Erziehung des Gerüstes und der kompakten Seitentriebe, die das Blütenholz tragen.

Erziehungsschnitt

Erziehen Sie Blauregen mit zwei oder besser mit nur einem langlebigen Gerüsttrieb. Diesen verlängern Sie jedes Jahr im Frühjahr um höchstens 1 m. So bilden sich auf der ganzen Verlängerung gleichmäßig Seitentriebe (→ Seite 14). Wollen Sie den ursprünglichen Gerüsttrieb in der Folge auf mehrere Drähte verteilen, wird jedes Teilstück jährlich verlängert. Wickeln Sie die Triebverlängerungen nach dem Schnitt vom Draht ab und binden Sie sie stattdessen an. So wächst der Draht nicht ein, und die Pflanze lässt sich jederzeit von der Rankhilfe nehmen.

Sommerschnitt

Vergegenwärtigen Sie sich jedes Jahr vor dem Schnitt den Gerüstaufbau mit seinen Seitenarmen. Deren diesjährige Verlängerungen schneiden Sie Ende Juli auf 2 m zurück. Dann lösen Sie sie und binden sie an der Rankhilfe an. Anschließend kürzen Sie die Seitentriebe auf 30 cm ein. Treiben sie während des Sommers erneut aus, werden die Neutriebe in noch grünem Zustand ausgebrochen. Obwohl Sie mit diesem Schnitt in erster Linie Ordnung schaffen, dient er auch der Blütenknospenbildung. Der Sommerschnitt ist also fast wichtiger als der Frühjahrsschnitt.

Frühjahrsschnitt

Der jährliche Schnitt im Frühjahr – direkt vor dem Austrieb – baut auf dem letztjährigen

---

Praxisinfo

SO BLÜHT BLAUREGEN ÜBERREICH

Oft braucht Blauregen Jahre, bis er blüht – vor allem, wenn es sich um einen Sämling handelt. Wählen Sie deshalb veredelte oder aus Stecklingen vermehrte Pflanzen.

Blauregen bildet erst dann Blüten, wenn sich sein Wachstum beruhigt. Diese Entwicklung fördern Sie, indem Sie im Sommer schneiden und wüchsige Pflanzen nicht düngen oder unnötig wässern. Hilft das alles nicht, führen Sie als letzte Hilfsmaßnahme den Frühjahrsschnitt erst nach dem Austrieb durch.

━ 1. Schritt   ━ 2. Schritt   ━ 3. Schritt

Sommerschnitt auf. Schneiden Sie die Verlängerungen der Gerüsttriebe auf höchstens 1 m zurück. Lösen Sie diese und binden Sie sie dann an der Rankhilfe an. Hat der Gerüsttrieb die vorgesehene Endlänge erreicht, behandeln Sie dessen Spitze wie die Seitentriebe. Verkürzen Sie den einjährigen, 30 cm langen Zuwachs auf maximal 10 cm. Im Laufe der Jahre entwickeln sich Köpfe, an deren Kurztrieben das meiste Blütenholz sitzt. Vergreisen die Köpfe nach 10 bis 15 Jahren, schneiden Sie deren älteste Verzweigungen heraus.

Korrekturschnitt

Wird Blauregen nicht wie oben beschrieben erzogen oder gar nicht geschnitten, entwickelt er ein regelrechtes Dickicht. Wollen Sie eine solche Pflanze korrigieren, schneiden Sie im späten Frühjahr. Entstehen größere Wunden, verstreichen Sie die Wundränder (→ Seite 31). Belassen Sie höchstens zwei Gerüsttriebe und entfernen Sie rigoros den Rest. Schneiden Sie nun, von unten beginnend, die Seitentriebe entlang der Gerüsttriebe auf 10 cm lange Zapfen zurück. Wird im oberen Bereich das Dickicht zu groß, schneiden Sie die Gerüsttriebe einfach an einem Seitentrieb ab. Unter Umständen haben Sie mit diesem Korrekturschnitt einen Großteil der Pflanze entfernt. In den kommenden Jahren fahren Sie dann, wie oben beschrieben, mit dem Schneiden fort.

1

Erziehungsschnitt
Erziehen Sie Blauregen mit höchstens zwei Gerüsttrieben, die sich aber entlang der Rankhilfe verzweigen können. Behalten Sie diesen Gerüstaufbau über die Jahre streng bei.

1 Jahr
2 Jahre
3 Jahre
4 Jahre
5 Jahre

2

Sommerschnitt
Ist der Gerüstaufbau klar definiert, fällt der Schnitt leichter. Kürzen Sie Gerüsttriebverlängerungen auf 2 m ein, Seitentriebe auf 30 cm. Lösen Sie die Verlängerungen vom Draht und binden Sie sie fest.

3

Frühjahrsschnitt
Verlängern Sie das Gerüst um höchstens 1 m pro Jahr, so bilden sich im Sommer gleichmäßig neue Seitentriebe. Die letztjährigen Seitentriebe verkürzen Sie auf 10 cm.

Korrekturschnitt
Ein über Jahre vernachlässigter Blauregen lässt sich nur mit rigorosem Schnitt wieder in Form bringen. Wählen Sie zwei passende Gerüsttriebe und entfernen alle übrigen.

4

Selbsthafter: Efeu, Wein & Co.

Efeu und Wilder Wein überwuchern problemlos große Flächen und beleben so manche triste Wand. Sie sind anspruchslos und langlebig. Beide Kletterer besitzen einen dekorativen Fruchtschmuck.

Außer Efeu (*Hedera*-Arten) und Wildem Wein (*Partheno-cissus*-Arten) gehören noch weitere Klettergehölze zu der Gruppe der selbsthaftenden Klettergehölze: Beispiele sind die Kletterhortensie (→ Seite 61) und die Trompetenwinde (→ Seite 103). Sie entwickeln wie Efeu Haftwurzeln. Wein hingegen hält sich mit Haftscheiben am Untergrund fest. Weder Efeu noch Wilder Wein mögen heiße, trockene Lagen. In sommerfeuchtem Boden hingegen bleiben sie lange wüchsig und gesund. Efeu gedeiht selbst noch an ausgespro-chenen schattigen Standorten. Schneiden Sie Wandbereiche, die nicht überwuchert werden sollen, bereits im Frühsommer frei. So bleiben weniger Haftwurzeln oder -scheiben am Putz zurück. Entfernen Sie die Wurzelreste mit einer harten Bürste. Sind sie später im Jahr verholzt, lassen sie sich nur noch schwer entfernen.

Efeu

Die meisten im Handel erhält-lichen Sorten gehören zum **Gewöhnlichen Efeu** (*H. helix*). Er hält sich mit seinen Haftwür-zelchen fast an jeder Unterlage fest. Barrieren bilden lediglich glatte Flächen aus Glas, gegen Algenbildung imprägnierte Flächen oder Metallflächen, die sich im Sommer stark erhitzen. Im Gegensatz zu den meisten Pflanzen, die sich ausschließ-lich zum Licht hin orientieren, wächst Efeu auch gern ins Dunkle. Achten Sie deshalb besonders darauf, dass er sich nicht unter Dachverkleidungen drängt und dort Schäden ver-ursacht (→ Praxisinfo).

Efeu muss nicht immer eine ganze Hauswand bedecken. Es kann durchaus sehr reizvoll sein, wenn nur Teile bewachsen sind und die Architektur des Gebäudes betont wird. In ge-schützten Bereichen eignet sich

Wuchernder Efeu
Die meisten Efeu-Sorten sind sehr wüchsig. Fenster und Türrahmen muss man regelmäßig frei schneiden, damit sie nicht überwachsen werden. Verwenden Sie deshalb für kleinere Flächen schwach wüchsige Sorten.

Praxisinfo

SELBSTHAFTER AM HAUS

- Verwenden Sie Efeu und Wilden Wein nur an Hauswänden mit intaktem und stabilem Putz. Beide können sonst in Risse einwachsen. Werden sie dicker, reißen sie den Putz schließlich auf.

- Bremsen können Sie Efeu & Co. mit einem Blech unter der Dachtraufe, das wie ein Schneckenzaun mindestens 15 cm schräg nach außen und unten absteht. Das Blech sollte 30 cm Abstand zum Dach haben und sehr dicht an der Wand anliegen.

Efeu schneiden
Schneiden Sie Efeu im Frühsommer, wird das Wachstum beruhigt. Überlang von der Wand abstehende Blütentriebe (→ Foto) können sehr schwer werden. Lenken Sie diese regelmäßig auf wandnahe Seitentriebe um.

Efeu an Fenstern
Auf Glasflächen können sich die Haftwürzelchen von Efeu nicht verankern, die Triebe hängen über. Entfernen sie solche Triebe vollständig. Wilder Wein hält sich im Gegensatz dazu auch auf Glas mit seinen Haftscheiben fest.

Wilder Wein
Wilder Wein wächst immer zum Licht. Gelangen seine Triebe an Dachziegel, die Ritzen aufweisen, wächst er durch sie hindurch. In den folgenden Jahren können Schäden auftreten. Entfernen Sie solche Triebe frühzeitig.

die großblättrige starkwüchsige Sorte 'Hibernica' des **Irischen Efeus** (*H. hibernica*) besonders gut. In schattigen Lagen wirken die buntblättrigen Sorten des Gewöhnlichen Efeus wie 'Goldherz' oder 'Glacier' sehr reizvoll und belebend.

Kürzen Sie im Frühjahr bei Bedarf lange Jungtriebe ein und schneiden Sie vorhandene Fensterrahmen sowie Regenrinnen frei. Wiederholen Sie den Schnitt bei starkwüchsigem Efeu im Juli. An älteren Pflanzen entwickeln sich Blütentriebe, die zum Teil sehr lang werden und waagerecht vom Untergrund abstehen. Lenken Sie überlange Triebe auf wandnahe Seitentriebe um. So erhalten Sie die Form und ver-

ringern das Gewicht. Brüten Vögel im Efeu, führen Sie den Schnitt schon im zeitigen Frühjahr durch.

Sind Reparaturarbeiten an einer Wand nötig, können Sie Efeu bodeneben einkürzen. Bedenken Sie aber bei einer nachträglichen Außenisolierung, ob die Statik das Gewicht einer Kletterpflanze trägt.

Wilder Wein

Wilder Wein ist in seiner Jugendphase ein starkwüchsiger Kletterer. Er wird nur von Metallflächen im Zaum gehalten, die sich in der Sommersonne stark erhitzen. Wilden Wein halten Sie am besten im Rahmen, wenn Sie ihn im

Sommer schneiden. Kürzen Sie von der Wand hängende Triebe nicht ein. Sie wirken als »Blitzableiter« für den Saftstrom und beruhigen das Wachstum. Nur wenn diese Triebe überlang werden, kürzen Sie sie ein. Wächst die Pflanze dennoch zu stark, vermeiden Sie Düngung oder Wassergaben.

Der **Gewöhnliche Wilde Wein** (*P. quinquefolia*) besitzt zwar Haftscheiben, sie halten jedoch nicht zuverlässig. Er benötigt deshalb eine Rankhilfe. Dies ist von Vorteil, wenn Sie nicht wünschen, dass die Pflanze direkten Wandkontakt hat. Nur die Sorte 'Engelmannii' hält sich sicher am Untergrund fest, ebenso der **Dreilappige Wilde Wein** (*P. tricuspidata*).

Schlinger: Geißblatt, Knöterich und Co.

Schlinger sind vielfältige Meister im Klettern. Voraussetzung ist, dass Sie ihnen eine Rankhilfe anbieten. Mal steht das frische Blattgrün im Vordergrund, mal begeistert die Blüte oder deren Duft.

Bei den Schlingern variiert die Blütezeit von Frühjahr bis Spätsommer. Je nach Art blühen sie an ein- oder diesjährigen Trieben. Bedenken Sie bei der Auswahl, dass das Gewicht der Pflanze vollständig von der Rankhilfe getragen werden muss. Knöterich etwa kann bis zu 10 m hoch werden und besitzt dann ein beträchtliches Gewicht. Pflanzen Sie ihn deshalb nie an Regenrinnen – sie sind nicht stabil genug. Die anderen beschriebenen Schlinger bleiben schwächer im Wuchs und kommen deshalb mit leichten Rankhilfen aus.

Geißblatt

Geißblatt (*Lonicera*-Arten) blüht vorwiegend an einjährigen Trieben, oft verströmt es einen süßlichen Duft. Einzelne Sorten blühen zusätzlich an diesjährigen Trieben. Die Blüten stehen am Ende kurzer Triebe. Da sich die Langtriebe stark ineinander schlingen, ist ein exakter Schnitt sehr aufwändig. Entfernen Sie deshalb beim jährlichen Pflegeschnitt im Frühjahr nur verblühte Triebe. Zusätzlich können Sie dichte Knäuel auslichten, indem Sie sie bis zu den Gerüsttrieben zurückschneiden. Die Gerüsttriebe selbst lassen Sie ungeschnitten. Nur zu lange Triebe kürzen Sie im Sommer ein. Bei schwachwüchsigem Geißblatt (z. B. *L.* x *heckrottii*) kür-

Geißblatt
Schneiden Sie Geißblatt, wenn die Pflanze ein zu großes Gewirr aus Trieben bildet oder verkahlt. Dabei ist es sinnvoll, die Seitentriebe in Bündeln zu schneiden, die Gerüsttriebe bleiben stehen.

Pfeifenwinde
Die Pfeifenwinde können Sie jahrelang ohne Schnitt wachsen lassen. Wenn Sie aber auf kleinem Raum eine von unten an beblätterte Pflanze wünschen, schneiden Sie jedes Jahr stark zurück.

Schlingknöterich
Knöterich verträgt einen radikalen Frühjahrsschnitt und bildet trotzdem Blüten. Nur wenn er große Flächen überwuchern soll, können Sie auf einen regelmäßigen Schnitt verzichten.

zen Sie ein- bis mehrjährige Seitentriebe jedes Frühjahr auf kleine Zapfen mit zwei Knospen am Gerüsttrieb ein. So bleibt die Pflanze übersichtlich und vital. Bei **Immergrünem Geißblatt** (*Lonicera henryi*) entfernen Sie bei Bedarf im Frühjahr Seitentriebe mit vertrockneten Blättern. Um solche Trockenschäden zu vermeiden, pflanzen Sie diese Art am besten an einen vor der Wintersonne geschützten Standort.

Nur wenn die Pflanze von unten her verkahlt, führen Sie einen Verjüngungsschnitt durch. Kürzen Sie die ganze Pflanze kurz vor dem Austrieb auf 50 cm ein. Selbst wenn die Triebstumpen eintrocknen sollten, wachsen neue Triebe zuverlässig aus dem Boden nach.

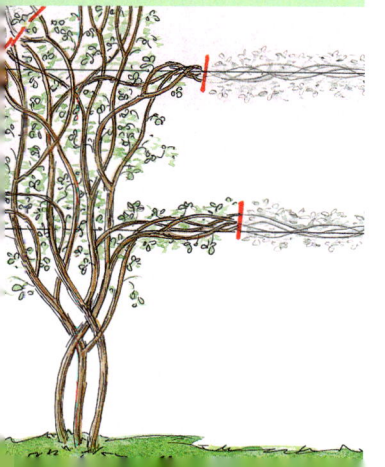

Schlangenwein
Bildet Schlangenwein im oberen Bereich ein dichtes Knäuel aus Trieben, entfernen Sie den Kopf vollständig. Überalterte Pflanzen lassen sich ohne weiteres bodennah verjüngen.

Praxisinfo

KLEINE UND GROSSE KIWI

Große Kiwi (*Actinidia deliciosa*) und Kleinfrüchtige Kiwi (*A. arguta*) werden eher zu den Obstgehölzen gerechnet, sind jedoch sehr attraktive Schlinger.

Sie werden wie Blauregen mit Gerüsttrieben erzogen. Kürzen Sie deren Seitentriebe im späten Frühjahr auf 5 cm langen Zapfen ein. Aus ihnen bilden sich die Fruchttriebe, die Sie im Sommer auf 1 m zurückschneiden (→ Seite 116, *A. kolomikta*).

Pfeifenwinde

Der Reiz der Pfeifenwinde (*Aristolochia macrophylla*) liegt in ihren großen Blättern. Grundsätzlich ist ein Schnitt nur nötig, wenn die Pflanze zu groß wird oder sich am Ende einer Rankhilfe Köpfe entwickeln. Schneiden Sie störende Triebe am besten im Frühjahr kurz vor dem Austrieb zurück. Im Sommer entwickeln sich dann lange Triebe, die Sie bei Bedarf problemlos einkürzen können. Pfeifenwinden eignen sich hervorragend zur Begrünung von Bögen. An kleinen Bögen können Sie die Pflanze jedes Frühjahr kurz über der Erde abschneiden. So treiben Neutriebe aus, die durchgehend beblättert sind. Überalterte Pflanzen können Sie ebenfalls bis zum Boden einkürzen. Sie treiben willig wieder aus.

Schlingknöterich

Schlingknöterich (*Fallopia baldschuanica*) hat eine enorme Wuchskraft, man sollte ihn also nur für ausreichend große

Flächen verwenden. Er bildet seine Blüten an diesjährigen Trieben. Sie können ihn deshalb jedes Frühjahr kräftig zurückschneiden. Ist die ganze Pflanze zu stark in sich verschlungen, kürzen Sie alle Triebe auf 40–60 cm ein. So geschnitten kann er in einem Sommer bis zu 6 m lange Triebe entwickeln. Bei ausreichend Raum kann man Schlingknöterich jedoch auch mehrere Jahre ohne Schnitt wachsen lassen.

Schlangenwein

Schlangenwein (*Akebia quinata*) ist in seiner Jugend frostempfindlich und bleibt nur an geschützten Stellen wintergrün. Er blüht früh im Jahr an einjährigen Trieben. Ein regelmäßiger Schnitt ist nicht nötig. Wird die Pflanze zu groß oder verkahlt sie, lichten Sie sie nach der Blüte aus. Entfernen Sie dabei dichte Köpfe vollständig bis zu den Gerüsttrieben. Überalterte Pflanzen verjüngen Sie bei Bedarf, indem Sie sie bis zum Boden zurückschneiden.

━ 1. Schritt   ━ 2. Schritt   ━ 3. Schritt

93

Hecken und Formgehölze

Formgehölze und formale Hecken bilden architektonische Kontraste für spannungsreiche Gärten. Beim Formieren liegt die Kunst nicht nur in der Schnitttechnik selbst, sondern auch darin, wie Sie einen ausgewogenen Spannungsbogen zwischen formalen und natürlichen Elementen schlagen.

Formale Hecken können ganz unterschiedliche Funktionen im Garten erfüllen: Sie dienen als Sichtschutz oder Gartengrenze, gliedern den Garten in Räume, betonen Gebäude, bilden einen klaren Hintergrund für Staudenbeete, stellen als Strukturelemente einen Kontrast zu frei wachsenden Gehölzen dar und begrenzen Wege.
Formschnittgehölze sind wie Skulpturen im Garten: Sie werden als Kontrast zu natürlichen Wuchsformen eingesetzt. Dabei ist es oft effektvoller, sie nur sparsam einzusetzen.

Verwenden Sie für Formschnitte Gehölze, die langlebig sind und einen regelmäßigen Schnitt gut vertragen. Schließlich sind Hecken oder Kugeln dauerhafte Investitionen, die Sie über Jahre genießen können. Sparen Sie deshalb nicht am falschen Platz: Thujen beispielsweise sind preiswert, reagieren aber empfindlich auf Trockenheit und lassen sich nur schlecht verjüngen. Sie sind deshalb kurzlebiger als Eiben, die Trockenheit tolerieren und sich problemlos verjüngen lassen. Eiben sind zwar teurer, doch die Anschaffung lohnt sich.

Disziplin gibt Form

Jedes Formgehölz, ob Hecke oder Einzelpflanze, benötigt einen sorgfältigen Erziehungsschnitt. Nur er garantiert hohe Formstabilität und dauerhafte Attraktivität. In den ersten Jahren wird die gewünschte Form in kleinem Maßstab geschnitten und jährlich Stück für Stück vergrößert. Das Geheimnis einer dichten Hecke, Kugel oder Pyramide liegt in einer dichten Verzweigung im Gehölzinneren sowie dem gezielten Saftstau an den Schnittstellen im unteren Gehölzbereich (→ Seite 12, 28). Fördern Sie die Verzweigung durch mehrmaliges Einkürzen pro Jahr in den ersten zwei bis drei Jahren. Ist die Endgröße erreicht, genügt meist ein Schnitt pro Jahr. Auch wenn Sie mit viel Disziplin schneiden, kann das Gehölz mit den Jahren zu groß werden. Dann erweisen sich Gehölze, die sich verjüngen und damit verkleinern lassen, als vorteilhaft.

Formale Buchseinfassungen sind für bunte Sommerbeete ein perfekter Rahmen. Formgehölze (links) bilden attraktive Kontraste.

Formale Hecken: lebendige Strukturen

Streng geschnittene Hecken aus meist einer Gehölzart wirken wie architektonische Elemente, die Inti-
mität vermitteln. Spätestens seit Renaissance und
Barock sind sie feste Bestandteile von Gärten.

Formale Hecken sind Formschnittgehölze, die in Reihe
gepflanzt eine dichte, geschlos-
sene Wand ergeben. Meist werden junge unformierte Gehölze
gepflanzt und an Ort und Stelle
erzogen. Dabei ist es wichtig,
eine Hecke in Stufen zu erziehen, damit sie jahrelang dicht
und formstabil bleibt.
Die besten Schnitttermine liegen zwischen Ende März und
Juli. Starkwüchsige Gehölze
schneiden Sie eher im Sommer.
Wählen Sie dafür bewölkte Tage, damit Blätter oder Nadeln
keinen Sonnenbrand erleiden.

Geeignete Gehölze

Entscheiden Sie zuerst, ob Sie
eine sommer- oder immergrüne Hecke möchten. An viel be-
fahrenen Straßen bewähren
sich immergrüne Hecken. Zur
Abgrenzung in einer Wohn-
straße oder im Garten erfüllen
sommergrüne diese Funktion
genauso gut und haben den
Vorteil, dass sie sich besser verjüngen lassen. Gehölze für formale Hecken sollten schnittverträglich sein und nur relativ
kurze Triebe bilden. Sonst
müssen Sie wie bei Liguster
auch im Alter meist zweimal
im Jahr schneiden.

Pflanzschnitt

Laubgehölze für Hecken, wie
Hainbuchen, besitzen beim
Kauf meist einen kräftigen
Mitteltrieb, aber nur schwache
Seitentriebe. Nach der Pflanzung schneiden Sie die Gehölze
im Frühjahr bis zur Hälfte
zurück. Dieser starke Rückschnitt verursacht einen Jahre
anhaltenden Saftstau (→ Seite
12). So wird die Wuchskraft
der darunterstehenden Triebe
dauerhaft gestärkt. Nadelgehölze für Hecken schneiden Sie
nach dem Pflanzen zurück-
haltender. Seitentriebe schneidet man nur leicht in Form,
Mitteltriebe kürzt man um
5–10 cm auf einer Höhe ein.

Erziehungsschnitt

Bauen Sie die Hecke in Stufen
bis zur Endgröße auf. Nur so
wird der Saftstrom gebremst,
an jeder Schnittstelle in die Seitentriebe geleitet, und die Triebe verzweigen sich. Eine etwa
1,5 m hohe Hecke bleibt dicht,
wenn Sie drei bis fünf solcher
»Staustufen« einbauen, bei höheren Hecken mehr (→ Abb.
2). Setzen Sie den stufigen Aufbau auch an den Seiten fort. Je
höher die Hecke werden soll,
umso breiter muss ihre Basis
sein. Die Trapezform ist besonders zu empfehlen, weil bei ihr
auch die Basis immer genug
Licht bekommt.
Um die dichten Verzweigungen
möglichst schnell zu erzielen,
schneiden Sie in den ersten
zwei Jahren dreimal pro Jahr.
Nadelgehölze kürzen Sie jedes
Jahr um etwa 10 cm ein, Laubgehölze um 20–30 cm.
Buchseinfassungen werden genauso aufgebaut. Junge Hecken
schneiden Sie dreimal jährlich
bis Ende Juli. Später reicht ein
Schnitt pro Jahr.

*Buchshecken schneiden Sie exakt,
indem Sie mit Hilfe zweier Bretter
die Schnittkanten vorgeben.*

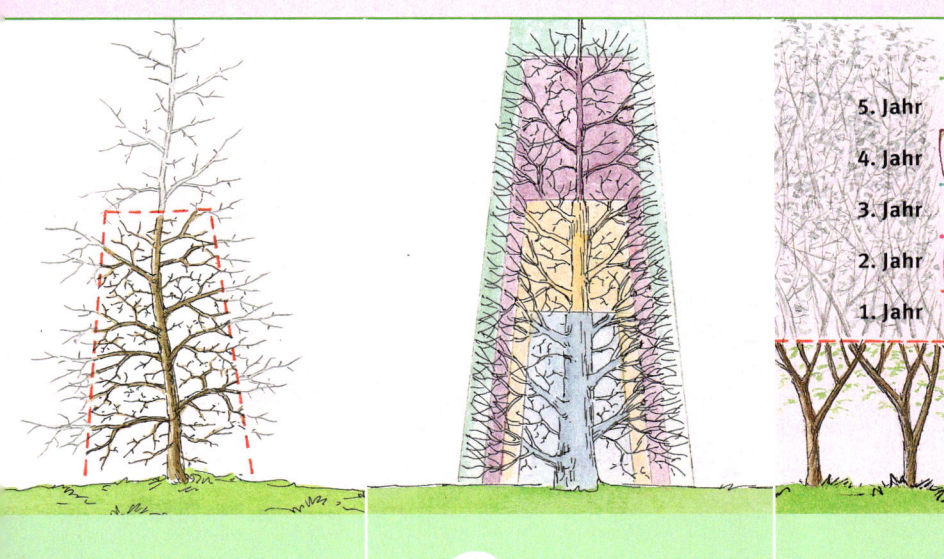

Pflanzschnitt

Schneiden Sie vor allem Laubgehölze nach der Pflanzung bis zur Hälfte zurück. Nur so stärken Sie die Wuchskraft der unteren Seitentriebe dauerhaft und erhalten eine jahrelang dichte Hecke.

Erziehungsschnitt

Durch den Aufbau in Stufen fördern Sie eine von Grund auf dichte Verzweigung. Wichtig ist, dass Sie die Seitenflächen der Hecke ebenfalls in Stufen aufbauen. So bleibt die Hecke formstabil.

Verjüngungsschnitt

Zu große oder verkahlte Hecken verjüngen Sie im Frühjahr. Schneiden Sie tief genug ins Gehölz. So befinden sich an der Oberfläche der Hecke nur dünne Zweige, die die Schere nicht beschädigen.

Um exakt zu schneiden, lehnen Sie ein Brett in gewünschter Heckenhöhe längs und senkrecht an die Hecke (→ Abb.). Es markiert die obere Schnittkante, an der Sie waagerecht schneiden. Dann legen Sie auf die geschnittene Oberseite ein schmales Brett, das genau die Schnittkanten für die Seiten vorgibt. Mit Hilfe von zwei Bohrungen können Sie es mit zwei Stäben im Boden fixieren. Auch hier empfiehlt sich die Trapezform.

Verjüngungsschnitt

Werden Hecken zu groß oder vergreisen sie, lassen sie sich verjüngen. Schneiden Sie Laub-

gehölzhecken im Frühjahr auf ein Viertel der geplanten Endhöhe zurück und bauen Sie sie Jahr für Jahr wieder auf. Bei Eibenhecken verjüngen Sie über drei Jahre. Im ersten Jahr kürzen Sie im späten Frühjahr eine Seite bis fast zu den senkrechten Gerüsttrieben ein. Im zweiten Jahr schneiden Sie die Oberseite auf 50 cm unter der geplanten Endhöhe zurück. Im dritten Jahr kürzen Sie die zweite Seitenfläche ein. Dann bauen Sie die Hecke in Stufen wieder auf. Thuja- und Scheinzypressenhecken lassen sich nicht so radikal verjüngen. Sie vertragen nur einen Schnitt im benadelten Bereich (→ Seite 68).

GEHÖLZE FÜR HECKEN

- bis 0,5 m: Buchs (*Buxus sempervirens* 'Suffruticosa'), Liguster (*Ligustrum vulgare* 'Lodense')

- bis 1 m: Berberitze (*Berberis*), Buchs (*B. s.* 'Arborescens'), Liguster (*Ligustrum*-Arten), Alpenjohannisbeere (*Ribes alpinum*)

- bis 2 m: Weißdorn (*Crataegus laevigata*)

- bis 4 m: Hainbuche (*Carpinus betulus*), Buche (*Fagus sylvatica*), Eibe (*Taxus*), Lebensbaum (*Thuja*)

Formschnittgehölze: Skulpturen in Grün

Zu Kugeln, Pyramiden oder anderen Figuren geschnittene Gehölze sind Kunstwerke für den Garten. Sommer- oder immergrüne Arten bieten dem »Spieltrieb« des Gärtners vielfältigen Raum.

Formschnittgehölze wirken am attraktivsten, wenn ihre geometrischen Umrisse klar zu erkennen sind. Wählen Sie deshalb Gehölze aus, die gut schnittverträglich sind.

Grundregeln für den Formschnitt

Formgehölze sollten Sie am besten von Ende Februar bis Ende Juli schneiden. Bei späteren Terminen reifen nach dem Schnitt entstehende Neutriebe oft nicht mehr aus und trocknen im Winter ein. Schneiden Sie nur an bewölkten Tagen.

Dann verbrennen die nach dem Schnitt außen stehenden Blätter aus dem Gehölzinneren nicht und können sich auf die intensive Strahlung einstellen.

■ Starkwüchsige Gehölze schneiden Sie zwei- bis dreimal jährlich, bei schwachwüchsigen reicht in der Regel ein Schnitt zu Sommerbeginn. Doch ein mehrmaliger Schnitt bedeutet nicht automatisch mehr Aufwand: Denn wenn Sie eine Buchskugel alle vier Wochen schneiden, sind die Schnittstellen vom letzten Mal noch gut zu erkennen, und die neuerliche Formierung bleibt einfach.

■ Verwenden Sie beim Schnitt Hilfsmittel wie Schnur, Draht oder Schablone. Damit können Sie eine Figur gleichmäßig und genau herausarbeiten. Haben Sie mehrere Formschnittgehölze der gleichen Gestalt und Größe im Garten, sind solche Hilfen sehr wertvoll. Eine Kugelschablone schneiden Sie halbkreisförmig aus Holz oder Pappe zurecht und fixieren sie mit einem Stab im Zentrum der Pflanze so, dass sich die Schablone um die Pflanze drehen lässt. Für eine Pyramide bauen Sie sich am besten ein Gerüst aus vier Bambusstäbchen mit Querverbindungen an der Basis, das als Schablone dient.

Formen erziehen

Bauen Sie Formschnittgehölze ähnlich wie Hecken in Stufen auf, damit vom Gehölzinneren aus eine dichte Verzweigung entsteht. So bleibt die Form dauerhaft kompakt und entwickelt eine dichte, fein strukturierte Oberfläche. In den ersten zwei bis drei Jahren sind bis zu vier Schnitte pro Jahr angebracht. Starke Seitentriebe, die sich mit der Heckenschere nur schwer schneiden lassen, entfernen Sie weiter innen im Gehölz mit der Handschere.

■ Bei Buchskugeln schneiden Sie zuerst oben eine waagerechte Fläche. Von der Oberseite arbeiten Sie sich dann rundherum nach unten vor. Schauen Sie möglichst von oben auf die Kugel, dann werden die Rundungen gleichmäßig.

Praxisinfo

FÜR FORMSCHNITT GEEIGNETE GEHÖLZE

Die Zahlen geben die jährliche Anzahl der Schnitte in der Erziehungs- und Erhaltungsphase an:

Zwergblutberberitze (*Berberis thunbergii* 'Atropurpurea Nana')	3/2
Buchs (*Buxus sempervirens* 'Arborescens')	3/2
Hainbuche (*Carpinus betulus*)	3/2
Scheinzypresse (*Chamaecyparis*-Arten)	2/1
Immergrüne Heckenkirsche (*Lonicera pileata*, *L. nitida*)	3/2–3
Eibe (*Taxus*-Arten)	3/1–2

■ Am harmonischsten wirken Buchskugeln, wenn sie aussehen, als seien sie leicht in der Erde versenkt. Schneiden Sie deshalb die Unterseite nicht ganz rund.

■ Verwenden Sie für den Schnitt kleiner Gehölze besser so genannte Buchsheckenscheren. Sie sind leicht, liegen gut in der Hand und mit ihnen lassen sich mühelos kleine Rundungen oder Kanten herausarbeiten. Die oft angebotenen Schafscheren sind nur bedingt geeignet, da sich damit nur weiche Triebe schneiden lassen.

Formen verjüngen

Werden Formschnittgehölze zu groß oder lückig, kürzen Sie sie etwa um ein Drittel bis in das alte Holz ein. Die beste Zeit dafür ist das späte Frühjahr direkt vor dem neuen Austrieb. Folgen auf den Schnitt sonnige Tage, schattieren Sie immergrüne Formschnittgehölze mit einem Vlies, um Verbrennungen der Blätter oder Nadeln zu verhindern. Bauen Sie anschließend die Form in mehreren Stufen wieder auf. Schneiden Sie bei Bedarf zwei- bis dreimal im Sommer. So wird die Oberfläche wieder fein und dicht. Es dauert aber mindestens zwei Jahre, bis sich die Form wieder entwickelt.

Vorsicht: Nadelgehölze wie Thuja oder Scheinzypresse treiben aus unbenadelten Trieben nicht mehr aus, der Trieb trocknet komplett ein. Schneiden Sie solche Pflanzen nur im benadelten Bereich.

1

In Stufen aufbauen
Bauen Sie Formschnittgehölze in Stufen auf. So erhalten Sie dichte Verzweigungen im Innenbereich, und die Oberfläche des Gehölzes bekommt eine feine Struktur.

2

Eine Kugel schneiden
Beginnen Sie beim Schnitt einer Kugel oben und arbeiten sich gleichmäßig rundherum nach unten. Für kleine Gehölze sind Buchsheckenscheren bestens geeignet.

3

Formen verjüngen
Um ältere Laubgehölze zu verjüngen, schneiden Sie bis in das alte Holz zurück. Das einzige Nadelgehölz, das Sie ohne Sorge stark schneiden können, ist die Eibe (→ Foto).

3

Porträts

Ziergehölze von A bis Z

Ziergehölze sind heute in einer sehr breiten Vielfalt erhältlich. Wenn Sie sie richtig schneiden und pflegen, können diese Sträucher und Bäume ihre Stärken und ihre Funktion im Garten optimal entfalten.

Fächerahorn
Acer palmatum

In Kapitel 2 ist der Schnitt der wichtigsten Ziergehölze ausführlich beschrieben. Außer den dort vorgestellten Pflanzen gibt es weitere Arten und Sorten, deren Schnitt in diesem Porträtteil beschrieben wird. In der Abbildung wird jeweils der Erhaltungsschnitt gezeigt. Wo es hilfreich ist, wird auf ähnlich zu schneidende Arten aus Kapitel 2 verwiesen. Die Sorten einer Art schneiden Sie wie die beschriebene Art selbst, nur bei Abweichungen sind die Sorten namentlich erwähnt. Suchen Sie eine Pflanze, die in keiner Porträtgruppe vorgestellt wurde, hilft das Register mit den deutschen und botanischen Namen weiter. Die Arten in der Tabelle auf den Seiten 112–115 sind alphabetisch nach den botanischen Namen gegliedert.

TYP: Strukturgehölz
WUCHS: Strauch, groß, breitrund
HÖHE/BREITE: 4–7/4–7 m
BLÜTEZEIT: Mai

malerischer, ausladender Solist

Allgemeines: Die meisten Sorten wie 'Osakazuki' färben sich im Herbst leuchtend rot. Manche Sorten besitzen geschlitzte Blätter ('Dissectum Garnet') und werden nur 2 m hoch. Das Blütenholz ist sehr langlebig, was aber bei Ahorn keine Rolle spielt
Schnittzeitpunkt: schnittempfindlich; Schnitt zwischen Juni und September.
Erziehungsschnitt: Aufbau eines stabilen Gerüstes mit mehreren bodennahen Trieben; Wildtriebe sowie nach innen wachsende Seitentriebe entfernen und Gerüst-Gabelungen verschlanken; Triebenden nie einkürzen
Erhaltungsschnitt: kein regelmäßiger Schnitt nötig; nach innen wachsende Seitentriebe vollständig auslichten; Gerüsttriebe im oberen Gehölzbereich umlenken, wenn sie tiefer stehende Seitentriebe überwachsen
Verjüngungsschnitt: nur wenn nötig; Gerüsttriebe auf weiter unten und schräg nach außen stehende Seitentriebe umlenken; große Wunden vermeiden, Wundränder verstreichen; zum Schluss alle Triebenden verschlanken
Ähnlich zu schneiden: Japanischer Fächerahorn *(Acer japonicum)*

Blauregen und Geißblatt gehen, wenn sie richtig geschnitten sind, eine nicht alltägliche Partnerschaft ein.

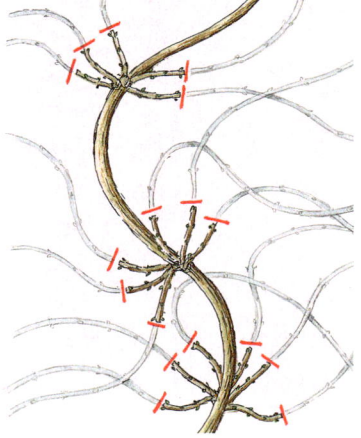

Berberitze, Sauerdorn	Schönfrucht	Trompetenwinde
Berberis-Arten	*Callicarpa bodinieri* var. *giraldii*	*Campis*-Arten

TYP: Laub- und Blütengehölz
WUCHS: strauchartig
HÖHE/BREITE: 1–4/1–4 m
BLÜTEZEIT: Mai–Juni

wehrhafte Blattschönheit

Allgemeines: Einige Sorten mit roten (→ Seite 70, 98) oder gelblichen Blättern (*B. thunbergii* 'Aurea'), andere mit immergrünem, glänzendem Laub (*B. hookeri*, *B. julianae*, *B.* x *stenophylla*). Berberitzen bilden ein schwaches bis mittelstarkes Gerüst aus. Ein regelmäßiger, aber zurückhaltender Schnitt ist sinnvoll. Die gelblichen Blüten stehen an ein- bis mehrjährigen Trieben.
Schnittzeitpunkt: im Frühjahr nach der Blüte
Erziehungsschnitt: Gerüst mit 10–15 Bodentrieben erziehen, idealerweise in verschiedenen Altersstufen; auf den Stock gesetzte Blutberberitzen als Sonderfall (→ Seite 70).
Erhaltungsschnitt: nach 5–10 Jahren Gerüsttriebe ersetzen, je nach Stabilität und Vitalität; überhängende Besen umlenken, neue Gerüsttriebenden verschlanken; immergrüne Arten zurückhaltender als sommergrüne auslichten
Verjüngungsschnitt: bei allzu dornigem Dickicht ganze Pflanze auf den Stock setzen (→ Seite 51) und von Grund auf neu erziehen.
Ähnlich zu schneiden: Felsenbirne (→ Seite 54), Schneeball (→ Seite 62)

TYP: Fruchtschmuckgehölz
WUCHS: strauchartig, aufrecht
HÖHE/BREITE: 2–3/2 m
BLÜTEZEIT: Juli, unscheinbare Blüte

dekorative, rot-violette Beeren

Allgemeines: Die Schönfrucht braucht gleichmäßig feuchten Boden. Sie entwickelt straffe Bodentriebe, die sich im oberen Bereich willig verzweigen. Die Blüten erscheinen an einjährigen Seitentrieben von zwei- bis mehrjährigen Langtrieben. Die Beeren halten sich lange am Strauch.
Schnittzeitpunkt: im Frühjahr vor der Blüte
Erziehungsschnitt: 7–10 kräftige Bodentriebe reichen als Gerüst für einen fülligen Strauch; schwache Bodentriebe entfernen; einjährige Triebe nicht einkürzen
Erhaltungsschnitt: ältere Gerüsttriebe am Boden auslichten, junge Bodentriebe als Ersatz belassen; überalterte Gerüsttriebspitzen auf einjährige lange Seitentriebe umlenken; zum Schluss Gerüsttriebe verschlanken
Verjüngungsschnitt: bis zu 50 % der Gerüsttriebe entfernen, durch kräftige, gleichmäßig im Strauch verteilte junge Bodentriebe ersetzen; Maßnahme im folgenden Jahr wiederholen
Ähnlich zu schneiden: Forsythie (→ Seite 52), die Gerüsttriebe der Schönfrucht sind jedoch langlebiger

TYP: Klettergehölz
WUCHS: dauerhaftes Gerüst
HÖHE/BREITE: 8–10/10–15 m
BLÜTEZEIT: Juli–September

Sommerblüher ohne Höhenangst

Allgemeines: Die Trompetenwinde benötigt warme, trockene Lagen. Sie besitzt Haftwurzeln und ist leicht windend. Die Blüten erscheinen an kräftigen diesjährigen Seitentrieben. Da die Haftwurzeln das Gewicht der Pflanze nicht tragen, muss die Trompetenwinde deshalb an eine stabile Rankhilfe gebunden werden.
Schnittzeitpunkt: im späten Frühjahr, kurz vor dem Austrieb
Erziehungsschnitt: mit einem Gerüsttrieb erziehen, der sich je nach Rankhilfe mit mehreren Armen verzweigen kann; Gerüst-Verzweigungen jedes Jahr um etwa 1 m verlängern; alle Seitentriebe auf Zapfen mit zwei Knospen einkürzen
Erhaltungsschnitt: abgeblühte Seitentriebe jährlich auf zwei Knospen einkürzen; Gerüsttriebe bei Bedarf verlängern
Verjüngungsschnitt: bei vergreisenden Köpfen an mehrfach eingekürzten Seitentrieben älteste Teile auf jungen gerüstnahen Seitentrieb umlenken; diesen wie beschrieben einkürzen
Ähnlich zu schneiden: Blauregen (→ Seite 88), Purpurwein (→ Seite 111)

— 1. Schritt   — 2. Schritt   — 3. Schritt

Bartblume
Caryopteris x *clandonensis*

Scheinquitte
Chaenomeles-Arten

Scheinzypresse
Chamaecyparis-Arten

TYP: Halbstrauch
WUCHS: vieltriebig, aufrecht
HÖHE/BREITE: 1/1 m
BLÜTEZEIT: August–Oktober

spätsommerlicher Blaublüher

Allgemeines: Die Bartblume braucht warme Standorte mit durchlässigem Boden. Sie blüht an diesjährigen Trieben. Obwohl ihre Triebe verholzen, frieren sie im Winter meist bis zur Basis zurück. 'Heavenly Blue' ist frosthärter.
Schnittzeitpunkt: im späten Frühjahr, wenn die Knospen das erste Grün zeigen
Erziehungsschnitt: kein Gerüstaufbau; alle kräftigen Bodentriebe belassen und im ersten Frühjahr auf 5 cm einkürzen, schwache Bodentriebe vollständig entfernen
Erhaltungsschnitt: zwei- bis mehrjährige Triebe bis zum Boden auslichten, um den Austrieb neuer Bodentriebe anzuregen; einjährige Triebe auf 5–10 cm über der Erde einkürzen
Verjüngungsschnitt: der Schnitt in das alte Holz bringt nicht zuverlässig Neutriebe, im schlimmsten Fall trocknet die ganze Pflanze ein; altes Holz auf bodennahe Jungtriebe umlenken und diese auf 10 cm einkürzen
Ähnlich zu schneiden: Lavendel (→ Seite 42), Heiligenkraut (→ Seite 110), Säckelblume (→ Seite 112), Blauraute (→ Seite 114)

TYP: Blütengehölz
WUCHS: breit überhängend
HÖHE/BREITE: 2–3/2–4 m
BLÜTEZEIT: Mai

Blüten samtrot bis weiß

Allgemeines: Scheinquitten mögen frische, nicht zu kalkhaltige Böden. Japanische (*C. japonica*) und Chinesische Scheinquitten (*C. speciosa*) bilden viele Bodentriebe. Hybriden (*C.* x *superba*) sind schwachwüchsiger. Scheinquitten blühen an einjährigen Kurztrieben zwei- und mehrjähriger Langtriebe. Die gelben, duftenden Früchte sind essbar.
Schnittzeitpunkt: im Frühjahr nach der Blüte
Erziehungsschnitt: 10–15 Bodentriebe für das Gerüst belassen und nicht einkürzen; bei Bedarf die Enden der Gerüsttriebe verschlanken
Erhaltungsschnitt: Bodentriebe bleiben etwa 5 Jahre vital; ältere Gerüsttriebe bodeneben auslichten; verbleibende Gerüsttriebe bei Bedarf auf weiter innen stehende junge Seitentriebe umlenken; zum Schluss Triebenden verschlanken
Verjüngungsschnitt: bis zu 70 % der alten Bodentriebe auslichten; verbleibende, überlange Triebe auf tiefer stehende Seitentriebe umlenken; Strauch dann wie beschrieben neu aufbauen
Ähnlich zu schneiden: Schneeball (→ Seite 62), Berberitze (→ Seite 103)

TYP: Strukturgehölz
WUCHS: vielfältig
HÖHE/BREITE: 1–15/1–6 m
BLÜTEZEIT: März–Mai

formenreiche Immergrüne

Allgemeines: Scheinzypressen bevorzugen gleichmäßig feuchte Böden. Die Wuchsformen reichen von kompakten Zwergsorten (*C. lawsoniana* 'Minima Glauca') bis zur baumartigen Nutkascheinzypresse (*C. nootkatensis*). Bei allen ist beim Schnitt die natürliche Form zu beachten. Baumartige besitzen meist mehrere aufrechte Gerüsttriebe, die nur außen Seitentriebe besitzen.
Schnittzeitpunkt: spätes Frühjahr bis Sommer
Erziehungsschnitt: bei Zwergformen nicht nötig; bei baumartigen nur zu dicht stehende Gerüsttriebe auf weiter unten stehende Seitentriebe umlenken, dadurch höhere Stabilität
Erhaltungsschnitt: nur zu lange Seitentriebe auf weiter innen stehende Seitentriebe umlenken; bei Bedarf die Spitzen verschlanken; immer einen höheren Mitteltrieb beibehalten
Verjüngungsschnitt: massive Verjüngung nicht möglich, da beim Schnitt in den unbenadelten Bereich ganze Triebe eintrocknen; deshalb lediglich im benadelten Bereich umlenken
Ähnlich zu schneiden: Thuja, Wacholder (→ Seite 68/69)

Blumen-Hartriegel
Cornus florida

Kornelkirsche
Cornus mas

Haselnuss
Corylus avellana

TYP: Strukturgehölz
WUCHS: breit ausladend
HÖHE/BREITE: 4–6/4–5 m
BLÜTEZEIT: Mai–Juni

exotisch und etagenartig

Allgemeines: Blumen-Hartriegel liebt gleichmäßig feuchte Böden. Er bildet große, teils baumartige Sträucher mit mehreren langjährigen Gerüsttrieben, deren Seitentriebe Etagen bilden. Die rot blühende Sorte 'Rubra' ist schwachwüchsiger. Der Japanische (*C. kousa* var. *kousa*) und Chinesische Blumen-Hartriegel (*C. k.* var. *chinensis*) entwickeln im Herbst rosarote Früchte. Das Blütenholz ist bei allen sehr langlebig.
Schnittzeitpunkt: im Frühjahr nach der Blüte
Erziehungsschnitt: kaum nötig; nur Gerüsttrieb-Gabelungen verschlanken
Erhaltungsschnitt: wachsen Etagen ineinander, auf weiter innen stehende Seitentriebe umlenken; Gerüst- und Seitentriebe verschlanken, um den lockeren Charakter zu erhalten
Verjüngungsschnitt: kaum nötig, da das Gerüst lange vital bleibt; wenn doch, überalterte Gerüsttriebspitzen auf weiter innen stehende junge Seitentriebe umlenken, diese bei Bedarf verschlanken
Ähnlich zu schneiden: Pagoden-Hartriegel (→ Seite 113), Etagen-Schneeball (→ Seite 62/63)

TYP: Blütengehölz
WUCHS: hochoval
HÖHE/BREITE: 4–8/4–6 m
BLÜTEZEIT: März–April

dekorativer Frühblüher

Allgemeines: Die Kornelkirsche wächst langsam. Mit der Zeit bildet sie einen stabilen großen Strauch, der im Alter einen baumartigen Charakter entwickelt. Das Blütenholz steht an ein- bis mehrjährigen Kurztrieben. Großfrüchtige Sorten ('Jolico') sind als Wildobst im Handel. Als Hochstamm erzogene Kornelkirschen pflegt man wie Bäume (→ Seite 38). In den ersten Jahren Wildtriebe aus Stamm und Boden entfernen.
Schnittzeitpunkt: im Frühjahr nach der Blüte
Erziehungsschnitt: überzählige Gerüsttriebe bodennah auslichten; 3–5 gleichmäßig verteilte belassen, diese nicht einkürzen, sondern nur verschlanken
Erhaltungsschnitt: nach innen wachsende Seitentriebe entfernen; Spitzen der Gerüst- und Seitentriebe verschlanken; dabei Gabelungen gleichberechtigter Triebenden vereinzeln
Verjüngungsschnitt: kaum nötig; wenn doch, einzelne Gerüsttriebe bodennah auslichten und junge Bodentriebe als Ersatz nachziehen
Ähnlich zu schneiden: Zierapfel (→ Seite 58)

TYP: Wildstrauch
WUCHS: breit ausladend
HÖHE/BREITE: 4–6/4–7 m
BLÜTEZEIT: Februar–April

lockt Tiere im Garten an

Allgemeines: Die Haselnuss ist sehr anspruchslos und kann sich gut regenerieren. Sie bildet regelmäßig viele neue Bodentriebe. So werden die Sträucher im Alter oft zu breit. Die ausgelesenen Fruchtsorten sind etwas schwachwüchsiger. Sie stammen von der Lambertsnuss (*Corylus maxima*) ab, ebenso wie die oft verwendete rotblättrige Bluthasel (*C. m.* 'Purpurea').
Schnittzeitpunkt: im Frühjahr nach der Blüte
Erziehungsschnitt: Gerüst mit 7–10 Bodentrieben erziehen; überzählige Bodentriebe entfernen, am besten ausreißen
Erhaltungsschnitt: nach innen wachsende Seitentriebe auslichten; Gerüsttriebe verschlanken; überzählige Bodentriebe kontinuierlich entfernen
Verjüngungsschnitt: überalterte Gerüsttriebe bodeneben auslichten; Köpfe und Besen der verbliebenen Gerüsttriebe auf weiter innen stehende, nach außen wachsende junge Seitentriebe umlenken; Enden der Gerüst- und Seitentriebe verschlanken
Ähnlich zu schneiden: Felsenbirne (→ Seite 54)

Perückenstrauch	Zwergmispel	Weißdorn & Co.
Cotinus coggygria	*Cotoneaster*-Arten	*Crataegus*-Arten

TYP: Blattschmuckgehölz
WUCHS: breit oval
HÖHE/BREITE: 3–5/3–5 m
BLÜTEZEIT: Juni–Juli

herbstliche Flaumwolken

Allgemeines: Perückensträucher brauchen durchlässige, warme Böden. Sie bilden ein stabiles, sich im Alter überneigendes Gerüst. Der herbstliche Fruchtschmuck und das Herbstlaub sind extravagant. Die unscheinbaren Blüten erscheinen an einjährigen Trieben. Sehr schöne Sorten mit roten oder gelben Blättern (→ Seite 71).
Schnittzeitpunkt: im späten Frühjahr kurz vor dem Austrieb
Erziehungsschnitt: Gerüstaufbau mit 5–7 bodennahen Trieben; quirlig stehende Seitentriebe auslichten; Triebenden verschlanken; einjährige Triebe nicht einkürzen
Erhaltungsschnitt: regelmäßig überlange oder überhängende Gerüst- oder Seitentriebe auf weiter innen stehende junge Triebe umlenken; Triebenden verschlanken
Verjüngungsschnitt: vergreiste Gerüsttriebe auf junge bodennahe Seitentriebe umlenken; große Schnittwunden vermeiden; Verjüngung auf mehrere Jahre verteilen
Ähnlich zu schneiden: Flieder (→ Seite 56), Perückenstrauch vergreist jedoch schneller

TYP: Fruchtschmuckgehölz
WUCHS: Bodendecker/strauchig
HÖHE/BREITE: 0,2–5/1–5 m
BLÜTEZEIT: Mai–Juni

formenreich und vielseitig

Allgemeines: Zwergmispeln sind anspruchslos, viele Sorten sind immergrün, einige werden nicht höher als 20 cm (*C. dammeri* 'Streibs Findling'), andere wie die Weidenblättrige Felsenmispel (*C. salicifolius* var. *floccosus*) bilden Sträucher bis zu 5 m Höhe. Vor allem großblättrige Sorten sind anfällig für die Bakterienkrankheit Feuerbrand. Sehen Triebe im Sommer seltsam verbrannt aus, müssen sie bis in das gesunde Holz zurückgeschnitten werden.
Schnittzeitpunkt: nach der Blüte, bei Verjüngung kurz vor dem Austrieb
Erziehungsschnitt: Sträucher mit 5–7 Gerüsttrieben erziehen; bei Bodendeckern keine Erziehung notwendig
Erhaltungsschnitt: Sträucher regelmäßig auslichten und Enden der Gerüsttriebe verschlanken; bei Bodendeckern überlange oder senkrechte Triebe bodennah umlenken
Verjüngungsschnitt: Sträucher: Gerüsttriebe auf weiter innen stehende Seitentriebe umlenken; Bodendecker: Hälfte der Triebe bodennah entfernen, stark überalterte auf den Stock setzen
Ähnlich zu schneiden: Sträucher wie Felsenbirne (→ Seite 54)

TYP: Blüten-/Fruchtschmuckgehölz
WUCHS: breit ausladend
HÖHE/BREITE: 5–7/5–8 m
BLÜTEZEIT: Mai–Juni

Charme in Frucht und Blüte

Allgemeines: Weißdornarten bilden große Sträucher. Apfeldorn (*C. x lavallei* 'Carrierei') und Pflaumenblättriger Weißdorn (*C. prunifolia*) werden auch als kleinkronige Hochstämme gepflanzt. Der Echte Rotdorn (*C. laevigata* 'Paul's Scarlet') blüht mit dekorativen, rot gefüllten Blüten. Das Blütenholz ist bei allen lange vital. Weißdorn wird oft von Feuerbrand befallen (→ *Cotoneaster*).
Schnittzeitpunkt: nach der Blüte, zum Verjüngen im Frühjahr vor dem Austrieb
Erziehungsschnitt: Sträucher mit 5–7 Gerüsttrieben erziehen, an den Enden verschlanken; überzählige auslichten
Erhaltungsschnitt: Wildtriebe entfernen; nach innen wachsende Seitentriebe und überzählige bodennahe Triebe auslichten; Köpfe an Gerüsttriebenden regelmäßig auf junge Seitentriebe umlenken; Triebe verschlanken
Verjüngungsschnitt: vergreiste Gerüsttriebe bodennah auslichten; Jungtriebe an den Schnittstellen als Ersatz heranziehen; verbleibende Gerüsttriebe verschlanken
Ähnlich zu schneiden: Zierapfel (→ Seite 58)

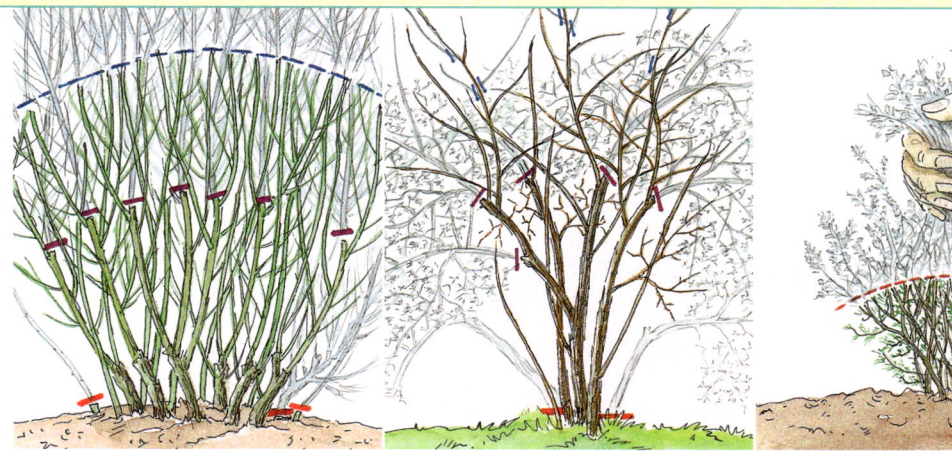

Besenginster
Cytisus scoparius

Deutzie, Maiblumenstrauch
Deutzia-Arten

Schneeheide
Erica carnea

TYP: Blütengehölz
WUCHS: aufrecht, besenartig
HÖHE/BREITE: 2/2 m
BLÜTEZEIT: Mai–Juni

gelb-rotes Farbspektakel

Allgemeines: Der anspruchslose Besenginster ist tiefwurzelnd. Anders als Elfenbein-Ginster (*C.* x *praecox*), der jährlich bodennah eingekürzt wird, bleibt bei Besenginster ein kurzes Gerüst stehen. Die gelblichen Blüten erscheinen an einjährigen Trieben.
Schnittzeitpunkt: nach der Blüte
Erziehungsschnitt: Einkürzen junger Triebe auf 10–20 cm, um bodennahe Verzweigungen der späteren Gerüsttriebe zu fördern
Erhaltungsschnitt: 5–7 Gerüsttriebe bleiben bis zu 3 Jahre stehen; ältere bodennah auslichten; verbleibende Gerüsttriebe in etwa 50 cm Höhe auf Seitentriebe umlenken und diese anschließend einkürzen, jährlich 2–4 bodennahe Jungtriebe als Gerüsttriebersatz belassen; restliche auf kleine Zapfen einkürzen
Verjüngungsschnitt: nur möglich, wenn bodennahe Jungtriebe existieren; dann Gerüsttriebe ganz durch Jungtriebe ersetzen und diese einkürzen
Ähnlich zu schneiden: Forsythie (→ Seite 52), diese treibt allerdings anders als der Besenginster bereitwilliger Bodentriebe nach

TYP: Blütengehölz
WUCHS: locker bis aufrecht
HÖHE/BREITE: 0,6–4/1–3 m
BLÜTEZEIT: Mai–Juli

überschäumendes Blütenmeer

Allgemeines: Von 0,6 m bei der Zierlichen Deutzie (*D. gracilis*) bis zu 4 m bei der Hohen Deutzie (*D.* x *magnifica*) bietet diese Gattung eine weite Palette für jede Gartengröße. Alle bilden bereitwillig neue Bodentriebe und blühen an einjährigen Trieben.
Schnittzeitpunkt: im Frühjahr nach der Blüte
Erziehungsschnitt: 7–12 bodenbürtige Gerüsttriebe; einjährige Triebe nie einkürzen; schwache Bodentriebe vollständig entfernen
Erhaltungsschnitt: Gerüsttriebe, die älter als vier Jahre sind, ganz entfernen; kräftige junge Bodentriebe als Ersatz lassen; an den verbliebenen Gerüsttrieben Besen auf weiter innen stehende junge Seitentriebe umlenken; zum Schluss Triebenden verschlanken
Verjüngungsschnitt: alle vergreisten Triebe entfernen; Besen der verbliebenen Gerüsttriebe umlenken und die Enden verschlanken; völlig überalterte Sträucher auf den Stock setzen (→ Seite 51)
Ähnlich zu schneiden: liegt im Schnitt zwischen Spiräe (→ Seite 50) und Forsythie (→ Seite 52)

TYP: Zwergstrauch
WUCHS: Polster bildend
HÖHE/BREITE: 20–50/30–60 cm
BLÜTEZEIT: Januar–Mai

immergrüner Winterblüher

Allgemeines: Schneeheide braucht luftige und doch sommerfeuchte Böden. Fühlt sie sich wohl, bildet sie dichte Teppiche. Die vielfach angebotenen Hybrid-Sorten (*E.* x *darleyensis*) sind eine Bereicherung durch die längere Blütezeit ab November sowie die Starkwüchsigkeit, benötigen jedoch Schutz vor Wintersonne. Oft wird empfohlen, Schneeheide nur alle paar Jahre zu schneiden. Schnitte in alte, unbeblätterte Triebteile führen jedoch meist dazu, dass Pflanzenteile eintrocknen. Schneiden Sie deshalb besser jährlich.
Schnittzeitpunkt: nach der Blüte
Erziehungsschnitt: kein Gerüstaufbau, daher kein Erziehungsschnitt
Erhaltungsschnitt: beblätterte Triebe um mindestens zwei Drittel einkürzen; dabei eine Halbkugel formen
Verjüngungsschnitt: bei vergreisten Pflanzen immer nur im beblätterten Bereich schneiden; haben sich bereits Polster gebildet, diese mit einer Heckenschere im grünen Triebbereich einkürzen
Ähnlich zu schneiden: Lavendel (→ Seite 42), aber nur beim Frühjahrsschnitt

— 1. Schritt   — 2. Schritt   — 3. Schritt

107

Zaubernuss
Hamamelis-Arten

Goldregen
Laburnum-Arten

Pfeifenstrauch
Philadelphus-Arten

TYP: Blattschmuckgehölz
WUCHS: trichterförmig
HÖHE/BREITE: 2–4/3–4 m
BLÜTEZEIT: Dezember–April

duftender Gruß im Winter

Allgemeines: Zaubernuss bildet sehr stabile und doch lockere Sträucher mit langlebigem Gerüst und Blütenholz. Sie sollte ihren typischen Charakter möglichst ohne Schnitt entwickeln können. Nach der Pflanzung stockt das Wachstum meist 2–3 Jahre. Die Blütenfarbe variiert von Hellgelb bis Rot, einige Sorten wie die orange Hybride 'Jelena' duften. Die Blüten erscheinen an Kurztrieben von zwei- bis mehrjährigen Trieben.
Schnittzeitpunkt: nach der Blüte
Erziehungsschnitt: Wildtriebe unterhalb der Veredelungsstelle entfernen; Erziehung mit 5–7 bodennahen Gerüsttrieben; diese nicht einkürzen, nur verschlanken; einen längeren Mitteltrieb fördern
Erhaltungsschnitt: auf Wildtriebe achten; Gerüsttriebe verschlanken; sich überlagernde Seitentriebe gerüstnah umlenken
Verjüngungsschnitt: kaum nötig; wenn doch, Gerüsttriebe auf tiefer stehende Seitentriebe umlenken; verbleibende Triebe verschlanken
Ähnlich zu schneiden: Fächerahorn (→ Seite 102)

TYP: Blütengehölz
WUCHS: baumartiger Strauch
HÖHE/BREITE: 5–7/4 m
BLÜTEZEIT: Mai–Juni

Blütenwolke in Gelb

Allgemeines: Goldregen braucht warme Böden und wächst straff aufrecht. Die ganze Pflanze ist giftig, vor allem die Samen. Hybrid-Goldregen (*L.* x *watereri* 'Vossii') blüht in bis zu 50 cm langen, gelben, duftenden Trauben. Alle Arten reagieren empfindlich auf jeden Schnitt: Die Wunden werden nur schlecht überwallt (→ Seite 30/31) und oft trocknen ganze Triebe ein.
Schnittzeitpunkt: wenn nötig, zwischen Juni und September
Erziehungsschnitt: kaum notwendig; sind zu viele Gerüsttriebe vorhanden, diese im ersten Sommer auf höchstens 5 auslichten; Triebenden verschlanken
Erhaltungsschnitt: kaum notwendig; lediglich Seitentriebe, die nach innen wachsen, im Sommer der Entstehung auslichten; Triebenden verschlanken
Verjüngungsschnitt: nicht zu empfehlen; wenn doch, große Wunden an den Gerüsttrieben vermeiden; vergreiste Gerüsttriebe auf weiter innen stehende Seitentriebe umlenken
Ähnlich zu schneiden: Fächerahorn (→ Seite 102), jener ist aber weniger schnittempfindlich

TYP: Blütengehölz
WUCHS: aufrecht
HÖHE/BREITE: 1–4/1–3 m
BLÜTEZEIT: Mai–Juli

weiße Blüten im Duftrausch

Allgemeines: Pfeifenstrauch ist anspruchslos und attraktiv. Einige Hybridsorten duften sehr stark, zum Beispiel die kompakte 'Dame Blanche', die straff aufrechte 'Erectus' (beide *P.* x *lemoinei*) oder die locker aufrechte 'Virginal' (*P.* x *virginalis*). Pfeifenstrauch erneuert sich aus dem Boden und blüht an einjährigen Seitentrieben.
Schnittzeitpunkt: im Sommer nach der Blüte; bei Verjüngung vor dem Austrieb
Erziehungsschnitt: mit 7–12 Gerüsttrieben; diese nicht einkürzen, nur verschlanken
Erhaltungsschnitt: über 6 Jahre alte Gerüsttriebe bodeneben auslichten, einjährige Bodentriebe als Ersatz belassen; an verbleibenden Gerüsttrieben Besen auf junge Seitentriebe umlenken; alle Triebe verschlanken
Verjüngungsschnitt: vergreiste Gerüsttriebe entfernen, auch wenn fast keine jungen Bodentriebe vorhanden sind; verbleibende, überlange Gerüsttriebe umlenken und verschlanken, auf mehrere Jahre verteilen
Ähnlich zu schneiden: Gefüllter Schneeball (→ Seite 62)

Fünffingerstrauch
Potentilla fruticosa

Blutjohannisbeere
Ribes sanguineum

Gewürzsalbei
Salvia officinalis

TYP: Blütengehölz
WUCHS: breit
HÖHE/BREITE: 0,5–1,5/1–2 m
BLÜTEZEIT: Juni–Oktober

charmanter Rosenbegleiter

Allgemeines: Fünffingerstrauch ist robust und anspruchslos. Er ist in vielen gelben Sorten bekannt. Bei Rosenpflanzungen sind mit weißen ('Abbotswood'), hellrosa ('Princess') oder orangen ('Red Ace') Sorten attraktive Kombinationen möglich. Fünffingerstrauch bildet bereitwilligst neue Bodentriebe. Er blüht an der Spitze diesjähriger Boden- und Seitentriebe.
Schnittzeitpunkt: im Frühjahr vor dem Austrieb
Erziehungsschnitt: nicht notwendig; nach der Pflanzung schwache Triebe vollständig entfernen
Erhaltungsschnitt: zwei- und mehrjährige Triebe bodeneben auslichten; einjährige als Alibitriebe (→ Seite 40) auf die Hälfte einkürzen; an ihren diesjährigen Seitentrieben entsteht die Erstblüte, die Folgeblüte an diesjährigen Bodentrieben
Verjüngungsschnitt: auf den Stock setzen (→ Seite 51) möglich
Ähnlich zu schneiden: Halbsträucher (→ Seite 42), sie regenerieren sich aber nicht wie Fünffingerstrauch aus dem alten Holz oder Wurzelstock; Sommerblühende Spiräen (→ Seite 110)

TYP: Blütengehölz
WUCHS: breit, aufrecht
HÖHE/BREITE: 2/2 m
BLÜTEZEIT: April–Mai

rotes Frühlingsfeuerwerk

Allgemeines: Blutjohannisbeere ist ein robuster Blütenstrauch. Die Sorte 'King Edwards VII' besitzt bis zu 8 cm lange, rote Blütentrauben. Blutjohannisbeere bildet regelmäßig neue Bodentriebe, reagiert aber empfindlich auf große Schnittwunden an den Gerüsttrieben. Oft trocknet dann der ganze Trieb bis zum Boden zurück. Sie blüht an einjährigen, bis 20 cm kurzen Seitentrieben.
Schnittzeitpunkt: im Frühjahr nach der Blüte
Erziehungsschnitt: bis auf 10 Gerüsttriebe auslichten; nicht einkürzen
Erhaltungsschnitt: vergreiste Gerüsttriebe nach 4–5 Jahren am Boden auslichten; mit jungen bodenbürtigen Trieben ersetzen; Besen verbleibender Gerüsttriebe auf junge Seitentriebe umlenken, große Wunden vermeiden; Triebenden verschlanken
Verjüngungsschnitt: vergreiste Gerüsttriebe bodeneben auslichten; bei starker Vergreisung Verjüngung auf drei Jahre verteilen; weitere Pflege wie oben
Ähnlich zu schneiden: Forsythie (→ Seite 52), Gefüllter Schneeball (→ Seite 62)

TYP: Halbstrauch
WUCHS: breitoval
HÖHE/BREITE: 50/60 cm
BLÜTEZEIT: Juni–August

für die mediterrane Küche

Allgemeines: Gewürzsalbei benötigt durchlässigen, warmen Boden. Ohne Schnitt bildet er kleine Sträucher aus. Mit zunehmendem Alter wird das Holz frostempfindlich: Ältere Triebe oder gar die ganze Pflanze sterben ab. Deshalb ist ein jährlicher Schnitt nötig. Buntlaubige Sorten ('Purpurascens', 'Tricolor') sind schwachwüchsiger und benötigen in kalten Lagen Winterschutz. Die Sorte 'Berggarten' mit ihren großen Blättern ist dagegen robust und starkwüchsig.
Schnittzeitpunkt: im späten Frühjahr direkt vor dem Austrieb und im Sommer nach der Blüte
Erziehungsschnitt: nicht nötig; durch Entspitzen der Triebe Bildung von Bodentrieben anregen; lange Jungtriebe im beblätterten Bereich einkürzen
Erhaltungsschnitt: ältere Triebe auf Seitentriebe nahe der Strauchbasis umlenken; im Sommer verblühte Triebe auf weiter innen stehende Seitentriebe umlenken, diese nicht einkürzen
Verjüngungsschnitt: nur möglich, wenn junge, basisnahe Seitentriebe vorhanden; dann auf diese umlenken
Ähnlich zu schneiden: Lavendel und Co. (→ Seite 42/43)

━ 1. Schritt   ━ 2. Schritt   ━ 3. Schritt

Holunder
Sambucus-Arten

Heiligenkraut
Santolina-Arten

Sommerblühende Spiräe
Spiraea-Arten

TYP: Blütengehölz
WUCHS: ausladend
HÖHE/BREITE: 4–7/3–5 m
BLÜTEZEIT: April–Juli

von Mythen umwobener Strauch

Allgemeines: Holunder ist anspruchslos, mag aber keine trockenen Böden. Es gibt einige Sorten mit attraktiv gefärbten Blättern (→ Seite 70). Die Beeren des Schwarzen Holunders (*S. nigra*) lassen sich in der Küche verarbeiten. Roter Holunder (*S. racemosa*) will keine kalkhaltigen Böden und bleibt mit 4 m kleiner. Die Sorte 'Plumosa Aurea' fällt mit gelben, geschlitzten Blättern auf. Alle blühen an einjährigen Trieben.
Schnittzeitpunkt: im Frühjahr vor dem Austrieb
Erziehungsschnitt: mit 3–5 Bodentrieben als Gerüst; diese verschlanken
Erhaltungsschnitt: vergreiste Gerüsttriebenden regelmäßig auf tiefer stehende Seitentriebe umlenken; einjährige Seitentriebe fördern; alle Triebenden verschlanken
Verjüngungsschnitt: überalterte Gerüsttriebe bodennah auslichten; junge bodennahe Seitentriebe als Ersatz belassen; verbleibende Gerüst- und Seitentriebe auf Jungtriebe umlenken und verschlanken
Ähnlich zu schneiden: Schnitt zwischen Felsenbirne und Flieder (→ Seite 54 und 56)

TYP: Halbstrauch
WUCHS: flachkugelig
HÖHE/BREITE: 50/70 cm
BLÜTEZEIT: Juni–August

immergrüne Mediterrane

Allgemeines: Heiligenkraut ist eine typische Pflanze für Gärten im südlichen Stil und braucht durchlässige, warme Böden. Besonders das Graue Heiligenkraut (*S. chamaecyparissus*) eignet sich für kleine Einfassungen und Kiesgärten. Stark verholzte Pflanzen sind nicht langlebig. Deshalb schneidet man Heiligenkraut wie Halbsträucher regelmäßig stark zurück. Die Blüten erscheinen an diesjährigen Trieben.
Schnittzeitpunkt: im Frühjahr beim Austrieb und im Sommer
Erziehungsschnitt: einjährige Triebe nach der Pflanzung entspitzen, um bodennahe Neutriebe zu fördern
Erhaltungsschnitt: beim Austrieb innerhalb des beblätterten Bereichs halbkugelig auf etwa 10–15 cm einkürzen; im Sommer nach der Blüte in Form schneiden, bis Ende Juli Schnitt diesjähriger Triebe möglich, später nur noch Blüten entfernen
Verjüngungsschnitt: Umlenken verkahlter Triebe nur möglich, wenn bodennahe Jungtriebe vorhanden sind; Verjüngung ansonsten nicht durchführbar
Ähnlich zu schneiden: Lavendel (→ Seite 42), Gewürzsalbei (→ Seite 109)

TYP: Blütengehölz
WUCHS: kugelig-aufrecht
HÖHE/BREITE: 0,3–2/0,5–1,5 m
BLÜTEZEIT: Juni–September

blütenreiche Sommergäste

Allgemeines: Von der Polsterspiräe (*S. decumbens*) bis zum 2 m hohen Billards Spierstrauch (*S. x billardii*) bieten Sommerblühende Spiräen ein breites Spektrum. Am bekanntesten ist die Rote Sommerspiere 'Anthony Waterer' (*S. x bumalda*) mit großen, malvenfarbenen Blütentellern. Die ersten Blüten der Frühsommerblüher erscheinen an einjährigen Trieben, die Hochsommerblüten aller Sorten an diesjährigen Trieben. Bei starkem Schnitt fällt die Erstblüte geringer aus, dafür ist die Sommerblüte stärker.
Schnittzeitpunkt: im Frühjahr vor dem Austrieb
Erziehungsschnitt: nur geringer Gerüstaufbau; bei Jungpflanzen schwache Triebe bodeneben auslichten
Erhaltungsschnitt: alle Triebe bodeneben entfernen; bei Frühsommerblühern einige einjährige Triebe als Alibitriebe für Volumen und die Erstblüte belassen, diese um mindestens die Hälfte einkürzen
Verjüngungsschnitt: auf den Stock setzen (→ Seite 51) möglich
Ähnlich zu schneiden: Fünffingerstrauch (→ Seite 109)

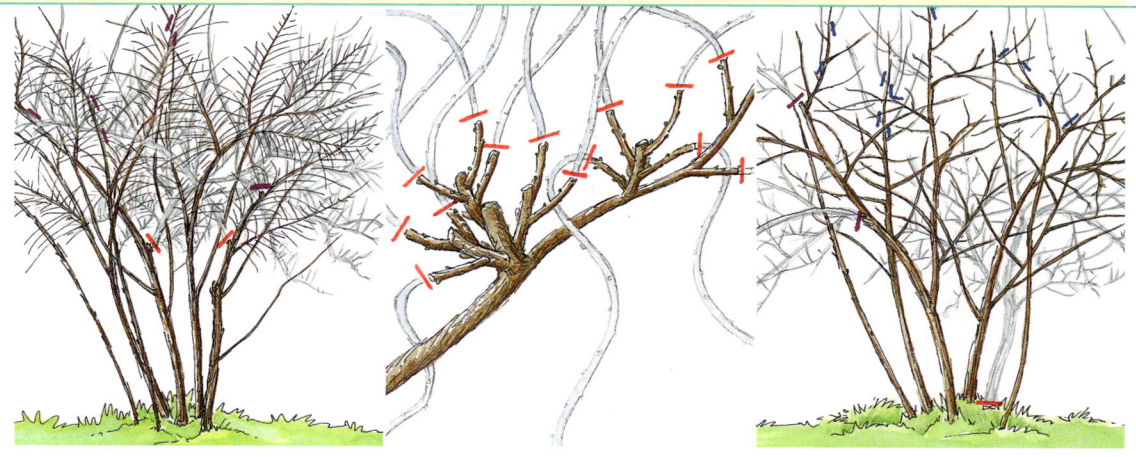

Tamariske
Tamarix-Arten

Purpurwein
Vitis coignetiae

Weigelie
Weigela-Arten

TYP: Blütengehölz
WUCHS: locker, ausladend
HÖHE/BREITE: 3–5/3–4 m
BLÜTEZEIT: Mai–September

Blütenkaskaden aus dem Süden

Allgemeines: Tamariske mag durchlässige, eher magere Böden. Frühlings-Tamarisken *(T. parviflora)* blühen von Mai bis Juni an einjährigen Trieben (A), Sommer- oder Kaspische Tamarisken *(T. ramosissima)* an diesjährigen Trieben (B). Sehr attraktiv ist die Sorte 'Rubra' mit rosa-roten Blütentrauben.
Schnittzeitpunkt: A nach der Blüte; B vor dem Austrieb
Erziehungsschnitt: Gerüst aus 5–7 bodennahen Trieben, die man verschlankt
Erhaltungsschnitt: A: nach innen wachsende Seitentriebe auslichten, überhängende Gerüsttrieb- und Seitentriebenden auf weiter innen stehende junge Triebe umlenken, Triebe verschlanken; B: Seitentriebe stark einkürzen oder umlenken, einige Alibitriebe für die Form belassen
Verjüngungsschnitt: A und B direkt vor dem Austrieb; überalterte Gerüsttriebe bodennah auf junge Seitentriebe umlenken; Triebenden verbleibender Gerüsttriebe verschlanken
Ähnlich zu schneiden: Gerüsttriebe wie Flieder (→ Seite 56); Seitentriebe von A wie Forsythie (→ Seite 52), von B wie Sommerflieder (→ Seite 44)

TYP: Blattschmuckgehölz
WUCHS: rankend
HÖHE/BREITE: 6–8/2–10 m
BLÜTEZEIT: Juni

flammende Paravents im Herbst

Allgemeines: Purpurwein ist ein wüchsiger Kletterer mit einem stabilen Gerüst. An sonnigen Plätzen färbt sich das Laub im Herbst besonders intensiv. Er wird an einer Rankhilfe erzogen. Ein Schnitt ist nicht nötig, erhält aber die Vitalität und fördert die Bildung großer Blätter. Aufbau der Gerüsttriebe wie bei Blauregen, die Pflege der Seitentriebe fällt aber weniger streng aus.
Schnittzeitpunkt: im Frühjahr vor dem Austrieb
Erziehungsschnitt: an einer Rankhilfe mit einem sich verzweigenden Gerüsttrieb; Verzweigungen jährlich um 1–1,5 m verlängern und festbinden; Seitentriebe auf 10 cm einkürzen
Erhaltungsschnitt: bei Bedarf Gerüsttriebe verlängern; Seitentriebe einkürzen
Verjüngungsschnitt: vergreiste Gerüsttriebe auf weiter innen stehende junge Seitentriebe umlenken, diese an der Rankhilfe befestigen; vergreiste Köpfe der Seitentriebe auf gerüstnahe junge Triebe umlenken, diese einkürzen
Ähnlich zu schneiden: Blauregen (→ Seite 88), Trompetenwinde (→ Seite 103)

TYP: Blütengehölz
WUCHS: kompakt, breitoval
HÖHE/BREITE: 1,5–3/2–4 m
BLÜTEZEIT: Mai–August

Blütenglocken

Allgemeines: Die Weigelie ist ein robuster, reizvoller Blütenstrauch. Die lange Blütezeit ist eine besondere Qualität. Die Hybride 'Eva Rathke' blüht intensiv von Juni bis August und etwas weniger stark bis in den Herbst. Die Sorte 'Purpurea' der Lieblichen Weigelie *(W. florida)* zeichnet sich zusätzlich durch rotbraunes, lange haftendes Laub aus. Die Hauptblüte erscheint an einjährigen Trieben, die Nachblüte an diesjährigen.
Schnittzeitpunkt: im Frühjahr vor dem Austrieb
Erziehungsschnitt: Gerüst mit 7–10 Bodentrieben, diese verschlanken; überzählige entfernen
Erhaltungsschnitt: Gerüsttriebe nach spätestens 4 Jahren bodeneben entfernen; übrige auf weiter innen stehende einjährige Seitentriebe umlenken; alle Triebe verschlanken, nicht einkürzen
Verjüngungsschnitt: vergreiste Gerüsttriebe bodeneben auslichten; auf den Stock setzen möglich (→ Seite 51) und neu aufbauen
Ähnlich zu schneiden: Forsythie (→ Seite 52), Frühjahrsblühende Spiräe (→ Seite 50)

— 1. Schritt   — 2. Schritt   — 3. Schritt

WEITERE ZIERGEHÖLZE SCHNEIDEN

Name	Gehölztyp	Höhe/ Breite	Blütezeit/ Schnittzeitpunkt	Schnitt (→ ähnlich zu schneiden)
Tanne *Abies*-Arten	immergrünes Strukturgehölz	1,5–10/ 2–7 m	Mai–Juni, Blüte unbedeutend; ab Austrieb bis August	Schnitt nur bei Bedarf; natürliche Wuchsform erhalten; zu lange Triebe im benadelten Bereich umlenken (→ Thuja, Scheinzypresse)
Flamingo-Strahlengriffel *Actinidia kolomikta*	Kletter-, Blattschmuck-gehölz	3–5/2–6 m, je nach Rankhilfe	Juni, Blüte unbedeutend; im späten Frühjahr und im Sommer	Gerüsttriebe an Rankhilfe entlang ziehen; Seitentriebe im Frühjahr auf 10 cm einkürzen; überlange Triebe zusätzlich im Sommer (→ Blauregen, Kiwi)
Japanische Aralie *Aralia elata*	bizarres Strukturgehölz	5–6/3 m	August–September; im Frühjahr vor dem Austrieb	kaum Schnitt nötig; absinkende Gerüsttriebe auslichten; überlange Triebe auf tiefer stehende Seitentriebe umlenken; schirmartigen Charakter erhalten
Apfelbeere *Aronia*-Arten	Blütengehölz, Wildobst	1–3/2–4 m	Mai; nach der Blüte, bei Verjüngung vor dem Austrieb	Gerüst mit 5–7 Gerüsttrieben, die bis 7 Jahre vital sind; Besen regelmäßig auf weiter innen stehende Jungtriebe umlenken; alle Triebe verschlanken (→ Felsenbirne)
Edelraute & Co. *Artemisia*-Arten	Halbstrauch	1/2 m	Juni–Oktober; im späten Frühjahr beim Austrieb und im Sommer	einjährige Triebe bodeneben entfernen und im Sommer bei Bedarf überhängende Triebe einkürzen (→ Blauraute)
Rispensommerflieder *Buddleja alternifolia*	Blütengehölz	2–4/ 3–5 m	Juni–Juli; nach der Blüte	Gerüst mit 3–7 Bodentrieben; überhängende Gerüst- und Seitentriebe regelmäßig umlenken (→ Spiräe, Tamariske)
Heidekraut *Calluna vulgaris*	Zwergstrauch	0,2–0,5/ 0,4–1 m	Juli–Oktober; im Frühjahr direkt vor dem Austrieb	regelmäßiger Schnitt erhält kompakte Form; Schnitt nur im beblätterten Bereich, dabei Jungtriebe um mindestens zwei Drittel einkürzen (→ Sommerheide, Erika)
Echter Gewürzstrauch *Calycanthus floridus*	Blüten-, Duftgehölz	2–3/2 m	Juli–September; im Frühjahr vor dem Austrieb	Erziehung mit 5–7 Gerüsttrieben; verzweigte Gerüsttriebenden auf weiter innen stehende Jungtriebe umlenken; Triebe verschlanken, nicht einkürzen (→ Felsenbirne)
Säckelblume *Ceanothus x delilianus*	Halbstrauch	1–2/2 m	Juli–Oktober; im Frühjahr direkt vor dem Austrieb	Strauch verholzt, friert aber oft zurück; deshalb regelmäßig starker Rückschnitt älterer Triebe bis zur Basis; einige einjährige Triebe auf 10 cm einkürzen (→ Bartblume)
Baumwürger *Celastrus orbiculatus*	Kletter-, Fruchtschmuckgehölz	8–10/6 m, je nach Rankhilfe	Juni; im Frühjahr vor dem Austrieb	kein regelmäßiger Schnitt nötig; wird er zu groß, starker Rückschnitt möglich; kann Bäume wirklich »erwürgen« (→ Knöterich)
Lebkuchenbaum *Cercidiphyllum japonicum*	Struktur-, Blattschmuckgehölz	8–10/ 5–7 m	April–Mai, Blüte unbedeutend; im Frühjahr vor dem Austrieb	mit 3–5 langlebigen Gerüsttrieben erziehen; kaum Schnitt nötig; lediglich zu dicht stehende Triebe auslichten und Triebenden verschlanken (→ Fächerahorn, Judasbaum)
Judasbaum *Cercis siliquastrum*	Blütengehölz	4–6/ 4–6 m	April–Mai; im Frühjahr nach der Blüte	mit 3–5 Gerüsttrieben erziehen; Seitentriebe bei Bedarf gerüstnah umlenken; Triebenden verschlanken (→ Zierapfel, Fächerahorn)
Blasenstrauch *Colutea arborescens*	Blütengehölz	2–4/ 2–4 m	Juni–Juli; im Frühjahr direkt vor dem Austrieb	5–7 Gerüsttriebe; Seitentriebe zur Blütenförderung regelmäßig auf weiter innen stehende Jungtriebe umlenken, dabei auf den Gehölzcharakter achten (→ Felsenbirne)

WEITERE ZIERGEHÖLZE SCHNEIDEN

Name	Gehölztyp	Höhe/ Breite	Blütezeit/ Schnittzeitpunkt	Schnitt (→ ähnlich zu schneiden)
Pagodenhartriegel *Cornus controversa*	Blüten-, Strukturgehölz	5–8/ 4–7 m	Mai–Juni; nach der Blüte bis zum Sommer	mit 3–5 aufrechten Gerüsttrieben; Etagen der Seitentriebe erhalten; überlange Seitentriebe im Innern umlenken; Triebenden verschlanken (Etagen-Schneeball)
Scheinhasel *Corylopsis*-Arten	Blütengehölz	2–3/ 3–3,5 m	Februar–April; im Frühjahr nach der Blüte	7–12 Gerüsttriebe belassen; Blütenholz lange vital; Köpfe der Gerüsttriebenden auf junge Seitentriebe umlenken; alle Triebenden verschlanken (→ Duft-Schneeball-Arten)
Korkenzieherhasel *Corylus avellana* 'Contorta'	Strukturgehölz	3–5/ 4–7 m	Februar–April; im Frühjahr nach der Blüte	Wildtriebe ausreißen; stabiler Gerüstaufbau; vergreiste oder überlange Triebe auf Seitentriebe umlenken; Vorsicht: Triebe sind oft ineinander verschlungen
Seidelbast *Daphne*-Arten	Blütengehölz	0,3–1,5/ 0,5–2 m	März–Juni; nach der Blüte	zurückhaltender Schnitt; vergreisende Triebe auf weiter innen stehende Seitentriebe umlenken
Ölweide *Elaeagnus*-Arten	Blattschmuck-, Blütengehölz	3–7/ 3–7 m	Mai–Juni; nach der Blüte	mit 5–7 Gerüsttrieben erziehen; überhängende oder verzweigte Triebenden regelmäßig umlenken beziehungsweise verschlanken (→ Felsenbirne)
Sommerheide *Erica vagans*	Bodendecker, Blütengehölz	0,3–0,5/ 0,5–0,8 m	August–Oktober; im Frühjahr vor dem Austrieb	regelmäßiger Schnitt erhält kompakte Form; Jungtriebe um mindestens zwei Drittel einkürzen; nur im beblätterten Bereich schneiden (→ Heidekraut)
Korkspindelstrauch *Euonymus alatus*	Struktur-, Blattschmuckgehölz	3/3 m	Mai–Juni, Blüte unbedeutend; im Frühjahr vor dem Austrieb	Gerüst mit 5 Bodentrieben; Gerüst- und Seitentriebe regelmäßig verschlanken, nie einkürzen; bei Verkahlung einzelne Gerüsttriebe umlenken (→ Fächerahorn)
Kletternder Spindelstrauch *Euonymus fortunei*	immergrünes Strukturgehölz	1/3 m, an Mauern	Juni–Juli, Blüte unbedeutend; im Frühjahr vor dem Austrieb	kaum Schnitt nötig; trockene Triebe entfernen; überlange oder verkahlte Triebe basisnah auf Seitentriebe umlenken (→ bodendeckende Zwergmispel)
Bambus *Fargesia*-Arten	immergrüner Schösslingsstrauch	4–5/ 4–7 m	Blüte sehr selten, danach stirbt die Pflanze ab; im Frühjahr vor Austrieb	nur überalterte Triebe bodeneben auslichten, ansonsten kein Schnitt; zu weit außen stehende Ausläufer ausreißen (→ Flachrohr-Bambus, *Phyllostachys*-Arten)
Scheinbeere *Gaultheria*-Arten	immergrün	0,2–0,8/ 0,5–1,5 m	Mai–August; im Frühjahr vor dem Austrieb	nicht jährlich notwendig; bei Bedarf alle Triebe bodeneben einkürzen; Ausläufer ausreißen (→ Ysander)
Strauchveronika *Hebe*-Arten	immergrünes Strukturgehölz	0,6–1,5/ 1–1,5 m	Juni–September; Frühjahr direkt vor Austrieb	trockene Triebe entfernen; verkahlte oder überlange Triebe auf tiefer stehende Seitentriebe umlenken
Sanddorn *Hippophae rhamnoides*	Fruchtschmuck	6–8/6 m	März–April; im Frühjahr	bei Bedarf auslichten; überlange Triebe auf weiter innen wachsende Seitentriebe umlenken; Besen verschlanken
Johanniskraut *Hypericum*-Arten	Bodendecker, Blütengehölz	0,5–1/ 1–3 m	Mai–Oktober; im Frühjahr vor dem Austrieb	im dreijährigen Turnus alle Triebe bodeneben einkürzen; zu weit außen stehende Bodentriebe ausreißen (→ Ysander)
Stechpalme *Ilex*-Arten	Struktur-, Fruchtschmuckgehölz	2–10/ 2–7 m	Mai–Juni, Blüte unbedeutend; im Frühjahr vor dem Austrieb	kaum nötig; nur überlange und kahle Triebe im Innern umlenken (→ Lorbeerkirsche)

WEITERE ZIERGEHÖLZE SCHNEIDEN

Name	Gehölztyp	Höhe/ Breite	Blütezeit/ Schnittzeitpunkt	Schnitt (→ ähnlich zu schneiden)
Winterjasmin *Jasminum nudiflorum*	Spreizklimmer, Blütengehölz	mit Rank- hilfe 3/5 m	Dezember–März; im Frühjahr nach der Blüte	zum Anbinden an Rankhilfe 5–7 bodennahe Gerüsttriebe, überzählige entfernen; Seitentriebe nach Blüte auf kleine Zapfen am Gerüst einkürzen
Kolkwitzie *Kolkwitzia amabilis*	Blütengehölz	2–3/ 2–3 m	Mai–Juni; nach der Blüte	7–10 Gerüsttriebe, bis 5 Jahre vital; vergreiste Gerüsttriebe bodeneben auslichten; Besen umlenken (→ Forsythie)
Buschklee *Lespedeza thunbergii*	Blütengehölz	1–2/ 1–2 m	Sept.–Okt.; im Frühjahr vor dem Austrieb	kein Gerüst, wie Halbstrauch erziehen, da verholzte Triebe oft bis zur Basis zurückfrieren; jährlich starker Rückschnitt
Liguster *Ligustrum*-Arten	Wildgehölz, Formschnitt- gehölz	2–4/ 2–4 m	Juni–Juli; im Frühjahr vor dem Austrieb	mit 7–10 Gerüsttrieben erziehen; vergreiste Gerüsttriebe bodeneben auslichten; Besen auf junge Seitentriebe umlen- ken; Triebenden verschlanken
Heckenkirsche *Lonicera*-Arten	Blütengehölz	2–4/ 2–5 m	Februar–Juni; nach der Blüte	Erziehung mit 5–10 Gerüsttrieben; diese nach 5–7 Jahren bodeneben auslichten; überhängende Besen umlenken; Triebenden verschlanken (→ Forsythie)
Immergrüne Heckenkirsche *Lonicera nitida, L. pileata*	Bodendecker	1–1,5/ 2 m	Mai; im Frühjahr vor dem Austrieb	kaum Gerüstaufbau; überlange und verkahlte Triebe auf basis-nahe Seitentriebe umlenken (→ Kletternder Spindel- strauch)
Magnolie *Magnolia*-Arten	Blütengehölz	3–8/ 5–10 m	April–Juni; nach der Blü- te, bei Verjüngung vor dem Austrieb	mit 3–5 Gerüsttrieben erziehen; Gerüst lange stabil; vergreiste Triebenden auf junge Seitentriebe umlenken; übrige Trieb- enden verschlanken; große Wunden vermeiden (→ Zierapfel)
Mahonie *Mahonia*-Arten	immergrünes Blütengehölz	1–2/ 1–3 m	Januar–Mai; nach der Blüte	kein Schnitt, solange Strauch kompakt wächst; überlange Triebe bodennah umlenken (→ Rhododendron)
Echte Mispel *Mespilus germanica*	Blütengehölz, Wildobst	3–5/ 3–7 m	Mai–Juni; nach der Blüte	Erziehung mit 3–5 Gerüsttrieben, die lange stabil bleiben; ver- greiste Gerüsttriebe auf bodennahe Seitentriebe umlenken; Besen umlenken; Triebenden verschlanken (→ Zierapfel)
Ysander *Pachysandra terminalis*	immergrüner Bodendecker	0,2–0,3/ 1 m	April–Mai; nach der Blüte	kein jährlicher Schnitt nötig; verkahlende Triebe flächig bo- deneben einkürzen; zu weit außen stehende Ausläufer aus- reißen (→ Scheinbeere)
Strauchpfingstrose *Paeonia suffruticosa*	Blütengehölz	2/2 m	April–Mai; direkt nach der Blüte	kaum Schnitt; überlange Triebe auf tiefer stehende Seitentrie- be mit kleinen Zapfen umlenken; Triebenden verschlanken
Torfmyrthe *Pernettya (Gaulthe- ria) mucronata*	immergrünes Fruchtschmuck- gehölz	1,5/ 1,5 m	Mai–Juni, männl. und weibl. Pflanze für Früchte	kein regelmäßiger Schnitt nötig; überlange oder verkahlte Triebe auf weiter innen stehende Seitentriebe umlenken (→ Rhododendron, Mahonie)
Blauraute *Perovskia abrotanoides*	Halbstrauch	0,5–1,5/ 1–2 m	August–Oktober; im Frühjahr direkt vor dem Austrieb	verholzt zwar an der Basis, friert jedoch meist zurück; alle Triebe jährlich bodeneben einkürzen (→ Säckelblume)
Glanzmispel *Photinia x fraseri*	immergrünes Strukturgehölz	2–4/ 3–6 m	Mai–Juni; nach der Blüte	zurückhaltender Schnitt; überlange Triebe auf weiter innen stehende Seitentriebe umlenken (→ Lorbeerkirsche)

WEITERE ZIERGEHÖLZE SCHNEIDEN

Name	Gehölztyp	Höhe/ Breite	Blütezeit/ Schnittzeitpunkt	Schnitt (→ ähnlich zu schneiden)
Blasenspiere *Physocarpus opulifolius*	Blütengehölz, Blattschmuck- gehölz	3–4/ 3–5 m	Juni–Juli; nach der Blü- te, bei Verjüngung vor dem Austrieb	mit 5–7 Gerüsttrieben erziehen; vergreiste Gerüsttriebe bo- deneben auslichten; überhängende Triebenden umlenken; übrige Triebenden verschlanken (→ Gefüllter Schneeball)
Fichte *Picea*-Arten	immergrünes Strukturgehölz	0,3–12/ 0,3–6 m	April–Juni, Blüten unbe- deutend; nach dem Aus- trieb bis Sommer	Schnitt möglichst vermeiden; natürliche Wuchsform wahren; überlange Triebe auf tiefer stehende Seitentriebe im bena- delten Bereich umlenken; Mitte erhalten
Blutpflaume *Prunus cerasifera* 'Nigra'	Blüten-, Blatt- schmuck- gehölz	5–7/ 3–6 m	April–Mai; im Frühjahr nach der Blüte, bei Ver- jüngung im Sommer	Erziehung mit 3–5 Gerüsttrieben; regelmäßig Steiltriebe aus- lichten und vergreiste Triebenden umlenken und verschlan- ken; nie einkürzen; große Wunden vermeiden (→ Zierapfel)
Zierkirsche *Prunus-Cerasus*- Gruppe	Blütengehölz	3–11/ 2–10 m	April–Mai; im Frühjahr nach der Blüte, bei Ver- jüngung im Sommer	mit 3–5 Gerüsttrieben; Blütenholz langlebig; zu dicht stehen- de Seitentriebe entfernen; vergreiste Triebenden umlenken; übrige Triebenden verschlanken; große Wunden vermeiden
Mahagoni-Kirsche *Prunus serrula*	Blütengehölz, Rinde	7–9/ 6–7 m	April–Mai; nach der Blüte	Aufbau wie Zierkirsche; zurückhaltend schneiden; bizarrer Wuchs charakteristisch (→ Zierkirsche, Sommerschnitt)
Feuerdorn *Pyracantha*- Hybriden	Blüten-, Frucht- schmuck- gehölz	2–4/ 2–4 m	Mai–Juni; nach der Blüte	mit 5–7 Gerüsttrieben erziehen; nach 4–7 Jahren durch bodennahe junge Seitentriebe ersetzen; Gerüsttriebenden verschlanken; ansonsten wenig schneiden, da Verletzungs- gefahr durch Dornen (→ Felsenbirne)
Weidenblättrige Birne *Pyrus salicifolia*	Struktur-, Blattschmuck- gehölz	4–6/ 4–6 m	April–Mai; nach der Blü- te, bei größeren Schnitt- maßnahmen im Sommer	mit 3–5 Gerüsttrieben erziehen; lediglich zu dicht stehende Triebe auslichten; bei Verkahlung Seitentriebe im Sommer auf weiter innen stehende Triebe umlenken (→ Etagen-Hartriegel)
Essigbaum *Rhus*-Arten	Blüten-, Blatt- schmuck- gehölz	3–8/ 4–8 m	Juni–August; im Früh- jahr vor dem Austrieb	zurückhaltend schneiden; zu dicht stehende Triebe auslich- ten; Ausläufer im grünen Zustand ausreißen; allergische Reaktionen möglich (→ Zierapfel)
Alpen- Johannisbeere *Ribes alpinum*	Blüten-, Wildgehölz	1–2/ 1–2 m	April–Mai; nach der Blüte	mit 5–10 Gerüsttrieben, die etwa 5 Jahre vital bleiben, danach bodeneben auslichten und durch junge Bodentriebe ersetzen; übrige Gerüst- und Seitentriebe umlenken und verschlanken (→ Blutjohannisbeere)
Zierhimbeeren & Co. *Rubus*-Arten	Schösslings- strauch, Blü- tengehölz	2–3/ 2–6 m	Mai–August; im Som- mer nach der Blüte, Fruchtsorten nach der Ernte	Blüten an einjährigen Ruten, die nach der Blüte beziehungs- weise Ernte bodeneben entfernt werden; zu weit außen ste- hende Ruten im Sommer in noch grünem Zustand ausreißen (→ Ranunkelstrauch)
Vogelbeere & Co. *Sorbus*-Arten	Blüten-, Frucht- schmuck- gehölz	2–10/ 2–7 m	Mai–Juni; nach der Blü- te, bei Verjüngung im Sommer	mit 3–5 Gerüsttrieben erziehen; Besen der Gerüsttriebe auf weiter innen stehende junge Seitentriebe umlenken; Trieb- enden nie einkürzen, sondern verschlanken (→ Zierapfel)
Schneebeere *Symphoricarpus*- Arten	Frucht- schmuck- gehölz	1–2/ 2–5 m	Juni–September; im Frühjahr vor dem Aus- trieb	Gerüsttriebe schwach, nach 3–4 Jahren bodeneben auslichten; Besen umlenken; Triebenden verschlanken; zu weit außen ste- hende Ausläufer ausreißen (→ Frühjahrsblühende Spiräe)

115

SCHNITTKALENDER

Deutscher Name	Botanischer Name	Jan.	Feb.	Mrz.	Apr.	Mai	Juni	Juli	Aug.	Sep.	Okt.	Nov.	Dez.	Auf Seite
Abelie	*Abelia* x *grandiflora*				░	░								64
Schneeforsythie	*Abeliophyllum distichum*			░	░	░								53
Tanne	*Abies*-Arten				░	░	░	░	░					112
Fächerahorn	*Acer palmatum, A. japonicum*						░	▓	▓	░				102
Kiwi	*Actinidia deliciosa*				▓				▓					93
Flamingo-Strahlengriffel	*Actinidia kolomikta*				▓				▓					112
Schlangenwein	*Akebia quinata*				░	▓	░							93
Felsenbirne	*Amelanchier*-Arten			░	▓	▓								54/55
Aralie	*Aralia elata*				░									112
Pfeifenwinde	*Aristolochia macrophylla*				▓					░				93
Apfelbeere	*Aronia*-Arten					░	░	▓	▓	░				112
Edelrauten	*Artemisia* Arten				▓									112
Aukube	*Aucuba japonica*				▓	░								64
Azaleen	*Azalea*-Arten				░	▓	░							64
Berberitze, Sauerdorn	*Berberis*-Arten				░	▓	▓							103
Rispensommerflieder	*Buddleja alternifolia*							▓						112
Sommerflieder	*Buddleja davidii*				░	▓	░							44/45
Buchs	*Buxus*-Arten				░	▓	▓	▓	░					66, 97, 98
Schönfrucht	*Callicarpa bodinieri*				▓	░								103
Heidekraut, Besenheide	*Calluna vulgaris*			░	▓	░								112
Gewürzstrauch	*Calycanthus floridus*				▓	░								112
Trompetenwinde	*Campsis*-Arten				▓	░								103
Erbsenstrauch	*Caragana arborescens*					░	▓	░						53
Hainbuche	*Carpinus betulus*	░	░	░	░	░	░	░						97/98
Bartblume	*Caryopteris* x *clandonensis*				░	▓	░							104
Säckelblume	*Ceanothus* x *delilianus*				▓	░								112
Baumwürger	*Celastrus orbiculatus*				░					░				112
Lebkuchenbaum	*Cercidiphyllum japonicum*				▓	░								112
Judasbaum	*Cercis siliquastrum*				░	▓	░							112
Scheinquitte, Zierquitte	*Choenomeles*-Arten				░	▓								104
Scheinzypresse	*Chamaecyparis*-Arten				░	▓	░							104
Winterblüte	*Chimonanthus praecox*				▓	░								53

Legende: ▓ Kernschnittzeit ░ Schnittzeit

SCHNITTKALENDER

Deutscher Name	Botanischer Name	Jan.	Feb.	Mrz.	Apr.	Mai	Juni	Juli	Aug.	Sep.	Okt.	Nov.	Dez.	Auf Seite
Clematis, sommerblühend	*Clematis*-Arten													86/87
Berg-Waldrebe	*Clematis montana*													87
Clematis, frühsommerbl.	*Clematis*-Sorten													86/87
Blasenstrauch	*Colutea arborescens*													112
Hartriegelarten, rotrindig	*Cornus alba* 'Sibirica'													70
Pagodenhartriegel	*Cornus controversa*													113
Blumen-Hartriegel	*Cornus florida*													105
Kornelkirsche	*Cornus mas*													105
Scheinhasel	*Corylopsis*-Arten													113
Haselnuss	*Corylus avellana*													105
Perückenstrauch	*Cotinus coggygria*													106
Zwergmispel	*Cotoneaster*-Arten													106
Weißdorn und Verwandte	*Crataegus*-Arten													106
Besenginster	*Cytisus scoparius*													107
Seidelbast	*Daphne*-Arten													113
Deutzie, Maiblumenstr.	*Deutzia*-Arten													107
Ölweide	*Elaeagnus*-Arten													113
Prachtglocke	*Enkianthus campanulatus*													64
Schneeheide, winterbl.	*Erica carnea*													107
Sommerheide	*Erica vagans*													113
Spindelstrauch	*Euonymus*-Arten													113
Schlingknöterich	*Fallopia baldschuanica*													93
Bambus	*Fargesia*-Arten													113
Forsythie, Goldglöckchen	*Forsythia* x *intermedia*													52/53
Scheinbeere	*Gaultheria*-Arten													113
Torfmyrte	*Gaultheria mucronata*													114
Zaubernuss	*Hamamelis*-Arten													108
Strauchveronika	*Hebe*-Arten													113
Efeu	*Hedera*-Arten													90/91
Hibiskus	*Hibiscus syriacus*													46/47
Sanddorn	*Hippophae rhamnoides*													113
Hortensien	*Hydrangea*-Arten													60/61

SCHNITTKALENDER

Deutscher Name	Botanischer Name	Jan.	Feb.	Mrz.	Apr.	Mai	Juni	Juli	Aug.	Sep.	Okt.	Nov.	Dez.	Auf Seite
Johanniskraut	*Hypericum*-Arten			░	▓	░								113
Stechpalme	*Ilex*-Arten			░	▓	░								113
Winterjasmin	*Jasminum nudiflorum*			░	▓	░								114
Wacholder	*Juniperus*-Arten			░	▓	▓	░	░						68/69
Lorbeerrose	*Kalmia*-Arten			░	░	░	░	▓	░					64
Ranunkelstrauch	*Kerria japonica*						▓							49
Kolkwitzie	*Kolkwitzia amabilis*			░	░	░	▓	▓						114
Goldregen	*Laburnum*-Arten							░	░	░				108
Lavendel	*Lavandula*-Arten				▓	▓	░	░	░					42/43
Buschklee	*Lespedeza thunbergii*				▓	▓	░							114
Liguster	*Ligustrum*-Arten			░	░	░	░	░	░	░				97, 114
Geißblatt	*Lonicera*-Arten		░	▓	░									92/93
Heckenkirsche	*Lonicera*-Arten		░	▓	░									114
Immergr. Heckenkirsche	*Lonicera nitida*			░	░	░	░	░	░	░				114
Magnolie	*Magnolia*-Arten					░	▓	░						114
Mahonie	*Mahonia*-Arten			░	▓	░								114
Zierapfel	*Malus*-Arten	░	░	░	░	░	▓	░	░					58/59, 73
Mispel	*Mespilus germanica*	░	░	░	░	░	▓							114
Ysander	*Pachysandra terminalis*				░	░								114
Strauchpfingstrose	*Paeonia suffruticosa*			░	░	░	░							114
Gewöhnlicher Wilder Wein	*Parthenocissus quinquefolia*			░	░	░	░	░	░					90/91
Blauraute	*Perovskia abrotanoides*				▓	▓	░							114
Pfeifenstrauch	*Philadelphus*-Arten			░	░	░	░	▓						108
Glanzmispel	*Photinia* x *fraseri*				░	░	▓	░						114
Blasenspiere	*Physocarpus opulifolius*			░	░	░	░	▓	░					115
Fichte	*Picea*-Arten			░	░	░	░	░	░					114
Kiefer	*Pinus*-Arten					░	░	▓	░					69
Fünffingerstrauch	*Potentilla fruticosa*			░	▓	░								109
Blutpflaume	*Prunus cerasifera* 'Nigra'					░	▓	▓	▓	░				115
Zierkirsche	*Prunus-Cerasus*-Gruppe					░	▓	▓	▓	░				115
Lorbeerkirsche	*Prunus laurocerasus*			░	▓	░	░	░						66/67
Mandelbäumchen, gefüllt	*Prunus triloba* 'Plena'					▓								49

▓ Kernschnittzeit   ░ Schnittzeit

SCHNITTKALENDER

Deutscher Name	Botanischer Name	Jan.	Feb.	Mrz.	Apr.	Mai	Juni	Juli	Aug.	Sep.	Okt.	Nov.	Dez.	Auf Seite
Feuerdorn	*Pyracantha*-Hybriden			░	░	▓								115
Weidenblättrige Birne	*Pyrus salicifolia*			░	░	▓								115
Rhododendron	*Rhododendron*-Arten			░	░	▓								64/65
Essigbaum	*Rhus*-Arten			░	░									115
Blutjohannisbeere	*Ribes sanguineum*				░	▓	░							109
Kugel-Scheinakazie	*Robinia pseudoacacia*			░	░	░	░	▓	▓					72
Wildrosen	*Rosa*-Arten			░				░	░					80/81
Rosen, einmalblühend	*Rosa*-Sorten			▓			░	░						74–83
Rosen, öfterblühend	*Rosa*-Sorten			▓			░	░	░	░				74–83
Rosmarin	*Rosmarinus officinalis*				░	░								43
Zierhimbeeren & Co.	*Rubus*-Arten			▓	░									115
Weide	*Salix*-Arten		▓	▓	░									70
Gewürzsalbei	*Salvia officinais*				▓	░								109
Holunder	*Sambucus*-Arten				▓	░								110
Heiligenkraut	*Santolina*-Arten					░	░							110
Vogelbeere & Co.	*Sorbus*-Arten					░	▓	░	░					115
Spiräe, Sommerblühende	*Spiraea*-Arten			▓										110
Spiräe, frühjahrsblühend	*Spiraea*-Arten			░	░	░								50
Schneebeere	*Symphoricarpos*-Arten			░										115
Kleinbl. Herbstflieder	*Syringa microphylla* ’Superba’			▓	░	░								57
Flieder	*Syringa vulgaris*			▓	░									56/57
Frühlings-Tamariske	*Tamarix parviflora*			░	▓	▓	▓							111
Sommer-Tamariske	*Tamarix ramosissima*				▓									111
Eibe	*Taxus*-Arten			░	░	▓		░	░	░				69, 97, 98
Thuja	*Thuja*-Arten			░	▓	▓								69, 97
Thymian	*Thymus*-Arten							▓						43
Schneeball-Arten	*Viburnum*-Arten			░	░	░	░	░						62/63
Gefüllter Schneeball	*Viburnum opulus* ’Roseum’			░	░	▓								62
Mittelmeer-Schneeball	*Viburnum tinus*				░	▓	▓							63
Purpurwein	*Vitis coignetiae*			▓	▓			░						111
Weigelie	*Weigela*-Arten			░	░	▓								111
Blauregen	*Wisteria*-Arten			░	░	░	▓	▓						88/89

Arten- und Sortenregister

Halbfette Seitenzahlen verweisen auf Abbildungen.

Anhang

Sachregister

Halbfette Seitenzahlen verweisen auf Abbildungen.

Adressen

Schnittkurse

Schnittkurse veranstalten Gartenakademien, Volkshochschulen, Obst- und Gartenbauvereine und Kleingartenvereine. Informationen erhalten Sie außerdem bei den Beratungsstellen der Landwirtschaftskammern und Landratsämter, in größeren Städten bei den Garten- und Umweltämtern.
www.gartenbauvereine.de
www.kleingartenbund.de

Bezugsquellen

Gehölze:

Bund deutscher Baumschulen e.V.
BdB
Bismarckstr. 49
25421 Pinneberg
www.bund-deutscher-baumschulen.de

Bundesfachsektion Baumschulen und Staudengärtner im Bundesverband der österreichischen Gärtner
Haidestr. 22
A–1110 Wien
www.baumschulinfo.at

Verband Schweizerischer Baumschulen/Jardin Suisse
Forchstr. 287
CH–8008 Zürich
www.jardinsuisse.ch

Baumpfleger

Bundesverband Garten-, Landschafts- und Sportplatzbau
Alexander-von-Humboldtstraße 4
53604 Bad-Honnef
Tel. 02224/7707-0
Fax 02224/7707-77
www.galabau.de

GALABAU Verband Österreich
Franz-Josef-Straße 15
A–2380 Perchtoldsdorf
Tel. 0043/664/4026011
www.galabauveraband.org

Literatur

Weiterführende Bücher

Bärtels, A.: **Gehölze pflanzen und pflegen.** Eugen Ulmer Verlag, Stuttgart

Haas, H.: **Pflanzenschnitt.** Gräfe und Unzer Verlag, München

Haas, H.: **Pflanzen Schnitt-Box.** Gräfe und Unzer Verlag, München

Hertle, B.; Kiermeier, P.; Nickig, M.: **Gartenblumen.** Gräfe und Unzer Verlag, München

Zeitschriften

Flora Garten
Gruner & Jahr AG
20444 Hamburg
www.livingathome.de

Kraut & Rüben
DLV GmbH
Lothstraße 29
80797 München
www.krautundruehen.de

Mein schöner Garten
Burda Senator Verlag
Postfach 1520
77605 Offenburg
www.mein-schoener-garten.de

Garten + Haus
Zeitschrift der Österreichischen Gartenbaugesellschaft
Siebeckstr. 14
A–1220 Wien

Schweizer Garten
Zeitschrift der deutsch-schweizerischen Gartenbauvereine
CH–3110 Münsingen
www.schweizergarten.ch

DANK

Ich danke Gertraud Herrmann, Bonn, für Ihre wertvolle Unterstützung und ihre Anregungen zum besseren Verständnis und der Sprache, durch die dieses Buch in der vorliegenden Form erst ermöglicht wurde.
Alois Leute, Kusterdingen, danke ich für seine fachlichen Anregungen zum Manuskript.
Für die Unterstützung bei der Produktion der Praxisfotos bedanke ich mich herzlich bei: Angelika Wald, Monika Broeske und Christian Haas, Freiamt; Monika und Michael Schaudt, Anny Hohenstein und Andrea Heidenreich, Herbolzheim.

Gartenlust pur

GU PFLANZENPRAXIS – Gärtnern wie ein Profi

ISBN 978-3-8338-0191-4
128 Seiten

ISBN 978-3-7742-6765-7
128 Seiten

ISBN 978-3-7742-6764-0
128 Seiten

ISBN 978-3-8338-0408-3
128 Seiten

ISBN 978-3-7742-8840-9
128 Seiten

ISBN 978-3-8338-0598-1
128 Seiten

Änderungen und Irrtum vorbehalten.

Das macht sie so besonders:

Das Plus an Praxis – alle Arbeiten step by step

Frage & Antwort – guter Rat vom Gartenexperten

Auf einen Blick – Material, Werkzeug und Zubehör

Willkommen im Leben.

BILDNACHWEIS

Bieker: 2-3, 34u.li.; Borstell: 21re., 37; Caspersen: 4li., 6o.re., 6u.li., 9re.; Haas: 4re., 4u., 8li., 10li., 18li., 20li., 22u., 22o., 23u., 23re., 23o., 24u., 25u., 31li., 31mi., 31re., 32o.li., 32o.mi., 32o.re., 32u.li., 32u.mi., 32u.re., 33o.li., 33o.mi, 33o.re., 33u.li, 33u.mi, 33u.re, 38re., 39li., 39mi., 39re., 40, 71o., 71mi., 71u., 73li., 73mi., 73re., 77/1, 77/4, 90re., 91li., 91re., 94, 96, 99o., 99mi., 99u., 100o.li.; Garden Collection: U1; Henseler: 77/3; Kompatscher: 34o.li.; Nickig: U4re., 34o.re., 36, 74; Pforr: 34u.re., 49, 84; Redeleit: U4li., 5li., 91mi., 95, 100u.li.; Reinhard: 77/2; Romeis: 75; Seidl: 11li., 100u.re.; Strauß: U4mi., 5re., 6o.li., 6u.re.,41, 48, 102li.; Timmermann: 19re., 85; Waldhäusl: 100o.re.
Syndication:
www.jalag-syndication.de
Illustrationen von Heidi Janiček, München.
Fotos auf dem Umschlag und im Innenteil:
Umschlagvorderseite: Hortensie 'Blaumeise'; S. 2-3 Clematis 'Dr. Ruppel'; S. 6 o.li. Kirsche; S. 6 o.re. Goldregen; S. 6 u.li. Clematis; S. 6 u.re. Vorgarten mit Ziergehölzen; S. 34 o.li. Riesen-Hartriegel; S. 34 o.re. Kletterrose 'Raubritter'; S. 34 u.li. Rhododendron; S. 34 u.re. Felsenbirne; S. 100 o.li. Laubengang; S. 100 o.re. Pfaffenhütchen, Früchte; S. 100 u.li. Essigbaum; S. 100 u.re. Buchs in Töpfen.

DER AUTOR

Hansjörg Haas studierte nach seiner Ausbildung zum Gärtner an der TU München-Weihenstephan Gartenbauwissenschaften. Seit 1992 ist er Fachberater für Obst, Gartenbau und Landespflege. Er gibt Praxiskurse, hält Vorträge und ist auch als Gutachter tätig. Daneben veranstaltet er Gartenreisen und ist Autor von zwei weiteren Schnittratgebern.

WICHTIGE HINWEISE

■ Einige der hier beschriebenen Pflanzen besitzen Dornen bzw. Stacheln oder sind hautreizend. Tragen Sie beim Schnitt dieser Pflanzen vorsichtshalber Handschuhe.
■ Handschuhe sollten Sie auch bei der Arbeit mit Gartenscheren, Sägen oder Heckenscheren tragen.

■ Führen Sie Kabel immer hinter Ihrem Rücken.
■ Achten Sie darauf, dass Leitern stabil stehen.
■ Suchen Sie bei Verletzungen umgehend einen Arzt auf oder rufen Sie die Notrufnummer 112 an. Eventuell muss genäht werden oder es ist eine Tetanusimpfung nötig.
■ Halten Sie Kinder bei Schneidarbeiten fern.
■ Bewahren Sie Schneidgeräte für Kinder und Haustiere unzugänglich auf.
■ Arbeiten Sie nicht mit rostigen oder stumpfen Schneidgeräten. Es besteht Verletzungsgefahr!

IMPRESSUM

© 2006 GRÄFE UND UNZER VERLAG GmbH, München
Alle Rechte vorbehalten. Nachdruck, auch auszugsweise, sowie Verbreitung durch Film, Funk, Fernsehen und Internet, durch fotomechanische Wiedergabe, Tonträger und Datenverarbeitungssysteme jeder Art nur mit schriftlicher Genehmigung des Verlags.

Redaktion und Konzeption: Angelika Holdau
Lektorat: Barbara Kiesewetter
Bildredaktion: Daniela Leimbach
Umschlaggestaltung und Layout: independent Medien-Design, Horst Moser, München
Produktion: Susanne Mühldorfer
Satz: Ludger Vorfeld, München
Reproduktion: Penta Repro, München
Druck: Appl, Wemding
Bindung: m.appl, Monheim
Printed in Germany

ISBN 978-3-8338-0189-1

2. Auflage 2010

GRÄFE UND UNZER

Ein Unternehmen der
GANSKE VERLAGSGRUPPE

Unsere Garantie

Alle Informationen in diesem Ratgeber sind sorgfältig und gewissenhaft geprüft. Sollte dennoch einmal ein Fehler enthalten sein, schicken Sie uns das Buch mit dem entsprechenden Hinweis an unseren Leserservice zurück. Wir tauschen Ihnen den GU-Ratgeber gegen einen anderen zum gleichen oder ähnlichen Thema um.

Liebe Leserin und lieber Leser,

wir freuen uns, dass Sie sich für ein GU-Buch entschieden haben. Mit Ihrem Kauf setzen Sie auf die Qualität, Kompetenz und Aktualität unserer Ratgeber. Dafür sagen wir Danke! Wir wollen als führender Ratgeberverlag noch besser werden. Daher ist uns Ihre Meinung wichtig. Bitte senden Sie uns Ihre Anregungen, Ihre Kritik oder Ihr Lob zu unseren Büchern. Haben Sie Fragen oder benötigen Sie weiteren Rat zum Thema? Wir freuen uns auf Ihre Nachricht!

Wir sind für Sie da!
Montag–Donnerstag:
8.00–18.00 Uhr;
Freitag: 8.00–16.00 Uhr
Tel.: 0180-5 00 50 54* *(0,14 €/Min. aus
Fax: 0180-5 01 20 54* dem dt. Festnetz/ Mobilfunkpreise
E-Mail: können abweichen.)
leserservice@graefe-und-unzer.de

P.S.: Wollen Sie noch mehr Aktuelles von GU wissen, dann abonnieren Sie doch unseren kostenlosen GU-Online-Newsletter und/oder unsere kostenlosen Kundenmagazine.

GRÄFE UND UNZER VERLAG
Leserservice
Postfach 86 03 13
81630 München